SURLIGNE PAGE 108

7 €

Editions
CARNOT

Vivre avec le savoir
Est le bien suprême.
Ciceron, De finibus

LUMIERES SUR LA LUNE

Philippe Lheureux

Editions
CARNOT

Le sondage sur le site Internet de l'auteur est à l'adresse suivante :

http://lheureux.free.fr/sondage.html

Remerciements à tous les internautes astronomes et chercheurs qui ont apporté leur contribution à ce livre.

Editions CARNOT
10 Quai Jean-Mermoz - 78400 Chatou - Tél. 01 30 53 75 05

Maquette de couv. : ACDJ - 57 Bd de la République - 78400 Chatou - Tél. 01 30 71 90 69
Photographie de couverture : NASA. Tous droits réservés pour les photographies.

ISBN N° 2-912362-49-0 Seconde édition Dépôt légal : troisième trimestre 2001

A ma mère, partie rejoindre les étoiles.

Sommaire

Page

Chapitre 1
Les missions Apollo 9
Liens internet 117-118

Chapitre 2
Ovni ? 119
Liens internet 134

Chapitre 3
La théorie des cratères lunaires artificiels 135
Liens internet 189

Chapitre 1

LES MISSIONS APOLLO

Quand le sage montre la lune,
l'imbécile regarde le doigt !

Introduction
Le 21 Juillet 1969.
Tout le monde se souvient de la phrase magique de Neil Armstrong au moment où il posa le pied sur le sol lunaire :

«C'est un petit pas pour l'homme,
mais un bond de géant pour l'humanité.»

Une phrase parfaite, intuitive ou préparée à l'avance, la polémique demeure mais peu importe, car la science-fiction était devenue réalité, les limites de l'imagination avaient été repoussées, la science venait de nous offrir la lune.
Un moment magique, mieux qu'une finale de coupe du monde de football, car il n'y avait aucun perdant, c'était l'espèce humaine entière qui gagnait !
Suivirent les missions Apollo 12, 14, 15, 16, 17, la 13 ayant dû faire demi-tour après l'explosion accidentelle d'un réservoir d'oxygène liquide.
Environ 382 kg de roches lunaires furent ainsi ramenées entre 1969 et 1972.
Et après ?

Aussi étrange que cela puisse paraître, ce sont les Soviétiques qui ont continué l'envoi de fusées en direction de la lune.
En 1974, Luna 22 se met en orbite autour de la lune et Luna 23 s'y écrase.
En 1976, soit quatre ans après la dernière mission Apollo, Luna 24, une sonde automatique russe, réussit à se poser dans la Mer des Crises et à rapporter sur terre 170 g d'échantillons du sol lunaire.
Etrange... non ?
Dépenser des milliards de roubles pour aller chercher 170 g de poussière lunaire quatre ans après la dernière mission américaine, il fallait sûrement une bonne raison pour obtenir le budget nécessaire à un tel exploit.
Les Américains avaient-ils été avares au point de ne pas faire cadeau de 200 g d'échantillons aux scientifiques russes, sur les 382 kg récoltés ?
Les Russes avaient-ils une raison de douter de la provenance des échantillons qu'on leur avait transmis ?
L'observation chronologique des événements permet au doute de s'installer !
En fait, ce que l'on sait moins, c'est que bien avant la dernière mission Apollo, certains médias américains avaient fait courir le bruit que les images des missions avaient été truquées et que l'homme n'avait jamais posé le pied sur la lune.
La première partie de ce livre a pour but de faire le point sur cette rumeur. Sur quoi est-elle fondée ? Peut-on y accorder un quelconque crédit ?
Si tel était le cas, alors ce serait vraiment «un petit pas pour l'homme mais une arnaque géante pour l'humanité» !

Psychologie du doute

Pour comprendre les motivations profondes de certains individus, il faut savoir que l'homme semble être depuis toujours allergique aux certitudes. Il préfère le gris plutôt que le noir ou le blanc. Dès qu'une chose est trop noire, il ajoute du blanc et quand elle est trop blanche, il rajoute du noir, c'est comme ça ! Il faut vivre avec, même si au bout d'un certain temps, cela devient pénible (en science comme en politique). Un équilibre se fait toujours entre une chose et son contraire.
Les Chinois, philosophes, disent que chaque chose contient en elle le germe de son contraire.

Symbole du Yin et du Yang.

Une opposition naîtra toujours contre une idée imposée, qu'elle soit politique ou scientifique. Il est donc normal de trouver des gens qui vont à contre-courant des idées générales.

Premier contact avec la rumeur

La première personne que j'ai entendue mettre en doute le fait que l'homme avait posé le pied sur la lune était ma tante Jeannine. Une femme au quotient intellectuel légèrement limité, si l'on en juge par les propos racistes qu'elle tenait en permanence.

Quand elle m'a dit que pour elle, toute cette aventure n'était qu'une réalisation en studio, j'ai éclaté de rire ! Comment pouvait-on être aussi demeuré !

«Et les roches qu'ils ont rapportées ?»

«Et les réflecteurs laser qui ont servi à mesurer la distance terre-lune avec précision, comment sont-ils arrivés là-haut ?»

«Il est impossible de duper les milliers de scientifiques qui ont travaillé sur le projet, la supercherie aurait filtré.»

«La meilleure preuve que les Américains sont allés sur la lune, c'est que les Russes n'ont pas démenti !»

Je lui ai tout sorti... du moins tout ce que j'avais entendu et qui me permettait de lui démontrer son ignorance en la matière.

Rien n'y faisait, les roches avaient très bien pu être fabriquées en laboratoire et les réflecteurs déposés par des sondes automatiques.

Les scientifiques étaient tous complices, vu qu'ils travaillaient pour l'armée.

Quant aux Russes, elle ne leur faisait pas confiance en temps de guerre et encore moins en temps de paix.

Finalement, chacun est resté bien campé sur ses positions avec la certitude que l'autre avait tort ! Rien de tel pour l'ambiance au sein d'une réunion de famille...

Les années passèrent. De temps en temps, j'entendais à la radio ou à la télévision un journaliste se moquer des gens qui émettaient des réserves sur les missions Apollo et cela m'amusait. Qu'est-ce qui pouvait bien pousser certains individus à se faire ainsi tourner en ridicule par la presse ? Avouez qu'il faut quand même être sérieusement motivé pour oser contester en public la plus belle des aventures humaines et ainsi s'attirer les foudres des journalistes scientifiques.

Le mur de la science se lézarde

A qui la faute ? A tous ceux qui ont usé et abusé de l'autorité scientifique pour manipuler ou désinformer.
Une science qui obéit de plus en plus aux intérêts politiques et financiers n'est pas vraiment faite pour nous rassurer.
Voici quelques exemples de science sans conscience :
- Lors de la première explosion atomique, les scientifiques ne savaient pas si la réaction en chaîne allait s'arrêter ou bien s'étendre à toute la planète, mais ils ont tout de même tenté le coup sur ordre des politiques et des militaires.
Par la suite, alors qu'ils connaissaient pertinemment les conséquences désastreuses que pouvaient entraîner ce genre d'arme, ils n'ont pas hésité à mettre leurs connaissances au service de la destruction de masse.
L'armée américaine aurait même fait courir des troupes à l'endroit où une explosion atomique venait d'avoir lieu, afin d'observer les effets des radiations sur les êtres humains.
- On nous a dit :
«Le dôme d'une centrale nucléaire est capable de résister à la chute d'un avion.» (en oubliant de préciser que l'avion doit être un petit biplace et qu'il ne faut surtout pas qu'il tombe sur les tours de refroidissement). En fait, le problème a été contourné par une interdiction du trafic aérien audessus des centrales nucléaires, ce qui n'a pas empêché un avion de chasse de se «crasher» à 2 km d'une centrale.
«L'électricité produite par le nucléaire, c'est de l'énergie propre !» (en oubliant le problème des déchets radioactifs).
«Le nuage radioactif de Tchernobyl s'est arrêté à la frontière française !» (rien que ça !). Et peu après : «même s'il a survolé la France, il n'y a aucun danger, car sa radioactivité est inférieure à la radioactivité naturelle».

- Pour notre bien, certains scientifiques ont même mis au point des farines animales destinées à nourrir des ruminants avec de la viande d'animaux morts ! C'est déjà «Soleil Vert» pour les vaches !
Note : Soleil Vert est un film apocalyptique où les cadavres humains sont recyclés pour servir de nourriture aux autres humains.

- On devait guérir le cancer et il n'y a jamais eu autant de cas ! Des maladies nouvelles comme le sida ou la maladie de «la vache folle» sont apparues. Quant aux maladies trop rares, elles n'intéressent pas les chercheurs, car elles n'ont pas de débouché commercial.

Le fait que des milliers de chercheurs participent à une recherche n'est pas pour autant un gage d'honnêteté vis-à-vis du contribuable ou du public.
Nous ne multiplierons pas les exemples, mais si cela n'entame pas une partie de votre confiance en la science, cela tient du miracle. Pourquoi n'en serait-il pas de même pour la conquête spatiale ?
Qu'est-ce qui prouve que l'on nous a vraiment raconté la vérité ?

Le choc des photos

Ce jour-là, je suis tombé de haut !
Un collègue de bureau à qui j'avais parlé de mes doutes sur certains cratères lunaires (voir chapitre 3) m'apporte l'exemplaire numéro deux de la revue Facteur X. Sur la couverture, un titre racoleur qui ne pouvait que retenir mon attention :

«Complot à la NASA - Alunissage : les photos truquées.»

Jusqu'ici, j'avais eu le poids des mots, mais pas encore le choc des photos.
Etonnant ! A croire que l'article en question avait été conçu spécialement pour discréditer les contestataires. Certaines critiques étaient scientifiquement inexploitables : une ombre trop longue, des contre-jours débouchés probablement en laboratoire, une empreinte de pas à un mauvais endroit...
D'autres étaient de grosses erreurs d'interprétation comme celle-ci :
«Ces photographies, comme beaucoup de clichés des missions Apollo, montrent un ciel sans étoile. Pourtant, la lune étant dépourvue d'atmosphère, les étoiles devraient être visibles, ce que confirme Maria Blyzinsky, conservateur d'astronomie à l'observatoire de Greenwich à Londres.»
Et comment pourraient-elles êtres visibles sur les photographies, puisque le temps de pose est trop court pour les capter !
Pour un peu, on avait le droit au coup du drapeau qui tient tout seul dans le vide ! Tout le monde sait qu'une barre de maintien horizontale avait été prévue en partie haute. Elle est d'ailleurs assez visible sur les photos.

C'était ça les contestations ? Mort de rire ! Quel manque de crédibilité !
Déçu par le peu de consistance d'un article même pas signé, j'ai eu l'idée de voir ce que j'aurais pu dire si j'avais été à la place du journaliste.
En regardant la photo d'Alan Bean tenant une éprouvette à la main, j'ai repéré certaines anomalies qui n'étaient pas mentionnées dans leur enquête.

La combinaison ne semble pas tendue par la pression atmosphérique interne.
La caméra n'est pas protégée contre le vide (+130°C au soleil et -150°C à l'ombre, sans compter les rayons cosmiques nocifs et l'absence de pression atmosphérique).
Pourquoi n'est-elle pas dans un caisson climatisé ?
La tige du réflecteur en bas de l'éprouvette n'est pas rattachée à la partie supérieure de l'éprouvette.

L'astronaute est fortement éclairé alors que le sol de la lune reste sombre.
Celui qui prend la photo est éclairé de face, alors qu'il se trouve en face de celui qui est éclairé latéralement.
Le sol lunaire visible dans le reflet du casque est plus lumineux que celui de l'arrière-plan.
Pourquoi les gants sont-ils noirs alors que toute la combinaison est blanche ?
Je me suis posé toutes les questions auxquelles je n'avais pas de réponses logiques et ensuite j'ai continué avec les autres photographies de l'article.
Un vrai jeu de massacre !

Il était évident que certaines photos avaient été retouchées dans un but patriotique et artistique, mais comment expliquer les anomalies de la photographie d'Alan Bean ? Avait-elle réellement été prise sur la lune ? Même en studio, il semble aberrant de faire autant d'erreurs ! Un peu d'air comprimé aurait suffit pour tendre la combinaison et donner l'illusion du vide.
Pourquoi l'article de Facteur X n'en faisait-il pas mention ? S'agissait-il d'un détournement d'attention souvent utilisé dans les affaires de désinformation, ou étais-je le seul à voir ces anomalies ?
Des milliers de scientifiques y compris les Russes ont vu ces photographies. Pourquoi n'ont-ils rien dit ? Le minimum, pour un scientifique, n'est-il pas de se poser des questions ? Je ne peux pas croire que seul le côté artistique les intéressait ! Ont-ils eu peur du ridicule ? Etaient-ils hypnotisés par l'événement, au point de perdre tout sens critique ?
S'ils ont cherché à exploiter scientifiquement les photographies, il leur était impossible de ne pas s'en rendre compte ! C'est incompréhensible !

Merci Internet

J'ai donc décidé de mener ma propre enquête, histoire de voir si je pouvais trouver d'autres anomalies ou des explications plausibles.
Grâce à Internet, je me suis connecté sur le site de la Nasa : http ://nssdc.gsfc.nasa.gov/planetary/lunar/apollo.html
et j'ai téléchargé la plupart des images des missions Apollo pour les étudier hors connexion.
Il y avait tellement de bizarreries que j'ai décidé de publier mon enquête sur le web, dans le but d'obtenir quelques explications de la part des scientifiques.
http://www.multimania.com/autocoup/lune5.html «Un pas de trop sur la lune» était né !
5 000 visiteurs par mois environ depuis 2 ans et beaucoup de courrier électronique. Certains soirs, je recevais près de 30 e-mails (avec une pointe à 147 !). 98% de félicitations et 2% d'insultes. Quelques internautes m'ont même accusé d'avoir truqué les photographies de la Nasa, un comble !
J'en profite d'ailleurs pour affirmer que mon but n'est pas de critiquer la Nasa, quoi qu'il en soit et quelles qu'aient pu être ses raisons. Elle nous a fait et nous fait rêver. Sans la Nasa, il n'y a pas de conquête spatiale possible.
En fait, ce qui m'intéressait le plus, c'était de voir la réaction des scientifiques face à des remarques comme celles exposées ci-dessus. Ma seconde passion est la psychologie.
Je me suis donc glissé volontairement dans la peau du pire détracteur des missions Apollo, histoire de provoquer des réactions. On ne dérange pas certains scientifiques pour des broutilles, alors j'ai mis le paquet !
Les premiers à réagir furent les journalistes ! Articles dans les journaux web (D.N.A, Marianne, Donquichotte, Yahoo

Internet life, Interneto, Réponse Photo, etc.), interviews télévisées sur Canal + et la RTL TVI belge ! (voir http://www.multimania.com/autocoup/articles.html).
Certains, comme le magazine Donquichotte, ont profité du premier avril pour publier leur article. La peur du ridicule n'a pas totalement disparu.
Je pensais me faire remettre à ma place dès le premier article, mais à mon grand étonnement, il n'en a rien été.
Voici par exemple un extrait de l'article des Dernières Nouvelles d'Alsace visible en totalité sur :
http://www.dna.fr/dna/bestweb/000000125.html
Dans la série des pages personnelles vraiment originales, celle-là décroche... la lune ! Vous vous souvenez certainement des photos splendides qui ont orné tous les magazines des années Apollo, l'empreinte de pas, l'astronaute devant son module, etc. Tellement belles, tellement réussies que l'auteur de cette homepage s'est interrogé... et nous livre ses réflexions et ses doutes...
Et c'est dévastateur ! On peut raisonnablement envisager, à l'examen de ses arguments, que ces photos sont, pour le moins retouchées, sinon carrément réalisées en studio tout à fait terrien. Une seule page donc dans ce service, mais quelle page, argumentée, et surtout carrément sulfureuse par ses implications.

Je n'étais donc pas le seul à constater des anomalies sur les photographies des missions Apollo. Les journalistes eux aussi les voyaient et ne savaient visiblement pas quoi en penser !
D'ailleurs, si l'on se fie au sondage présent en bas de ma page http://www.multimania.com/autocoup/lune9.html, près de 69% des internautes qui y ont participé pensent que la Nasa a gardé les vraies photos !

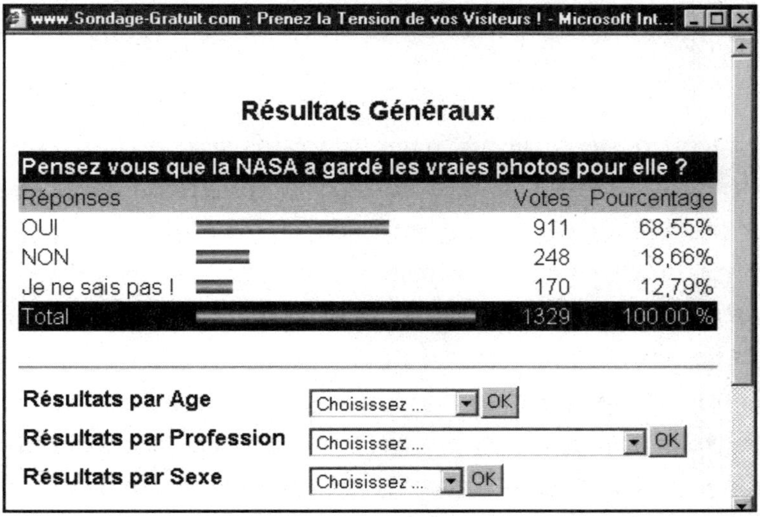
www.Sondage-Gratuit.com : Prenez la Tension de vos Visiteurs ! - Microsoft Int...

Résultats Généraux

Pensez vous que la NASA a gardé les vraies photos pour elle ?		
Réponses	Votes	Pourcentage
OUI	911	68,55%
NON	248	18,66%
Je ne sais pas !	170	12,79%
Total	1329	100,00 %

Résultats par Age Choisissez ... OK
Résultats par Profession Choisissez ... OK
Résultats par Sexe Choisissez ... OK

Assistons-nous à une véritable prise de conscience collective ? Si oui, le réveil risque d'être brutal.

Gardez cependant à l'esprit que je ne suis pas un «scientifique», même si la plupart de mes remarques vous sembleront logiques.

La publication de mon site Internet «Un pas de trop sur la lune» et la fréquentation du newsgroup fr.sci.astronomie m'ont permis d'obtenir quelques réponses intelligentes de la part des internautes. Elles sont consignées dans ce livre afin de montrer que certaines anomalies observées ne sont en fait que des erreurs d'interprétation. Tant mieux pour les missions Apollo.

Cela dit, il ne faut pas tomber dans le piège de l'amalgame. Trouver la solution à une critique ne veut pas dire pour autant que je me sois trompé sur toutes les critiques formulées.

Pour anéantir le doute, il faut gagner toutes les batailles.

Bonne chance !

Un nazi à la Nasa ?

A la lecture de certaines pages, certains seront tentés de me traiter de «révisionniste». Pour eux, remettre en cause des photographies de la conquête de la lune est un crime de même nature que contester l'existence des camps de concentration lors de la dernière guerre mondiale. On ne touche pas impunément à une aventure qui a fait rêver des millions de personnes.

J'en veux pour preuve la réaction de Philippe Vandel sur Canal +. Il a conclu le reportage qu'il a fait sur moi par la phrase : «Mais il faut se méfier, on remet en cause certaines choses et puis après on remet en cause ce qui s'est passé en 40-44 - Heider connaît ça bien !»

Je lui répondrai sur le même ton : «Mais il faut se méfier, on commence par abandonner tout sens critique en ce qui concerne les photographies de la Nasa et puis après on oublie de rappeler que Wernher Von Braun, «le père de la fusée lunaire américaine» fut un ingénieur nazi qui travailla pour la Nasa en toute impunité !

En fait, après la fin de la deuxième guerre mondiale, les Américains ont récupéré des ingénieurs allemands ayant travaillé sur les V1 et les V2 et leur ont «offert» de travailler «obligatoirement» pour eux en échange de leur impunité. Les Soviétiques en ont fait autant de leur côté et ont récupéré du matériel laissé sur place.

Pour ceux que cela intéresse, lire «L'Affaire Paperclip, la récupération des scientifiques nazis par les Américains», par Linda Hundt (Editions Stock).

D'après plusieurs historiens, certains scientifiques comme Wernher Von Braun n'étaient pas seulement des ingénieurs allemands réquisitionnés par les nazis. Ils ont participé

activement à la construction des V1 et V2 au prix de la vie de 20 000 déportés du camp de Dora utilisés sans ménagement pour la construction d'usines souterraines.
Voir l'article de Pierre Durand «Du nouveau sur le passé nazi de Wernher Von Braun» sur :
http://www.anti-rev.org/textes/Durand97a/
Leur avoir offert l'impunité est certainement plus grave que d'avoir retouché quelques photographies de la lune ou même truqué une mission lunaire.
Les nazis étaient plutôt doués pour la propagande et la manipulation des foules.
Peut-on donc faire entièrement confiance à la Nasa, quand on sait que Wernher Von Braun fut le patron des... missions Apollo ?

Analyse critique des photographies des missions Apollo

Toutes les photographies qui suivent ont été extraites d'un site web de la Nasa à l'adresse url suivante :
http://nssdc.gsfc.nasa.gov/planetary/lunar/apollo.html

Certaines images ont été recadrées, mais en aucun cas modifiées pour faire apparaître volontairement des anomalies. Il s'agit bien des photographies officielles diffusées à la presse entre 1969 et 1972 et que beaucoup d'entre nous ont pu voir dans les journaux de l'époque ou à la télévision.
Imaginez-vous un instant faisant partie d'un laboratoire de police scientifique. Oubliez le fait que des milliers de scientifiques, de journalistes et de particuliers se sont penchés sur ces photographies sans rien y voir d'anormal. Regardez et essayez de voir par vous-même s'il s'agit d'une photographie réalisée en studio ou d'une vraie photographie en provenance de la lune. Posez-vous des questions. Essayez d'exploiter au mieux vos connaissances de base en physique ou en photographie, et vous serez surpris du résultat.
Pour ceux qui ont tout oublié, je vous rappelle l'essentiel de ce qu'il faut savoir sur la lune et en matière de photographie, avant de se lancer dans l'analyse des clichés.

Données lunaires

La lune a un diamètre moyen de 3 476 km contre 12 757 km pour la terre, ce qui fait que la ligne d'horizon s'y trouve beaucoup plus proche que sur la terre.
A titre indicatif, sur terre des yeux à 1,70 m au-dessus du sol et regardant la mer ont une ligne d'horizon située vers 4,56 km. Sur la lune

elle ne serait qu'à 2,43 km.
La gravité lunaire n'est que de 1/6ème de celle de la terre, ce qui fait qu'un astronaute en scaphandre pesant 180 kg sur terre ne pèse plus que 30 kg sur la lune.
La lune ne possède pas d'atmosphère, il y règne un vide supérieur au meilleur vide pouvant être obtenu dans un laboratoire terrestre.
Cette absence d'atmosphère est à l'origine des énormes écarts de températures observés à sa surface : +130°C au soleil et -150°C à l'ombre.
La surface lunaire n'est pas non plus protégée contre toutes les radiations nocives en provenance du soleil (rayons X, ultraviolets, infrarouges, vent solaire).Elle peut aussi recevoir des pluies de micro-météorites.
Le vent solaire est un vent de particules (protons, électrons, neutrons) qui n'a rien à voir avec le vent terrestre. Inutile de compter sur lui pour faire flotter un drapeau dans le vide. A ce propos, les Américains ont utilisé une barre fixée horizontalement en partie haute du mat pour maintenir leur drapeau.
Depuis plus de 3,5 milliards d'années, la lune subit en permanence un bombardement météoritique à l'origine des nombreux cratères visibles mais aussi de l'érosion de sa surface. Le régolite, manteau de débris provenant de la fragmentation physique de la roche sous-jacente, mesure entre 1 et 10 mètres d'épaisseur selon les endroits et recouvre les reliefs lunaires. L'action permanente de micro-météorites ainsi que les écarts de température entre les jours et les nuits contribuent à l'érosion de la lune et à la création d'une couche de poussière fine en surface.
Il n'y a pas d'eau sous forme liquide sur la lune. Les échantillons rapportés par les astronautes ne comportaient pas de molécules d'eau. Par contre en 1999 la sonde américaine Lunar Prospector en a détectée au pôle sud sous forme de glace. Probablement des vestiges d'une comète.
L'albédo de la lune est très faible, seul 8,3% de la lumière solaire est réfléchie par sa surface. L'albédo est un terme qui désigne le coefficient de réflexion de la lumière.
La lune tourne sur elle-même en présentant toujours la même face vers la terre. En fait, grâce à une légère oscillation, nous pouvons apercevoir

59% de sa surface à partir de la terre.
Il est impossible de voir un astronaute sur la lune à partir de la terre, car la résolution du meilleur télescope terrestre est de 200 mètres. Seul le VLT (Very Large Télescope) en cours de réalisation au Chili pourra théoriquement permettre de voir les traces laissées par les différentes missions lunaires (encore faut-il qu'on le pointe dessus !).

Données photographiques

Les pires ennemis du photographe sont :
La chaleur : au-dessus de +50°C, elle accélère les réactions chimiques dans la gélatine, dilate les pièces mécaniques de l'appareil, surchauffe l'électronique et décolle les lentilles de l'objectif.
Les rayons X : ils peuvent voiler le film (et le photographe).
L'humidité : liée à la condensation, elle crée de la buée sur l'objectif et peut aussi altérer la gélatine des films.
Les rayons ultraviolets : ils altèrent le rendu des couleurs et le temps de pose.
Le froid extrême : il rend les piles du posemètre inutilisables, la pellicule cassante et rétracte les pièces mécaniques.
La poussière.
Les chocs.
Sur la lune, on peut aussi ajouter le vide si le boîtier et l'objectif n'ont pas été prévus avec des trous permettant à l'air de s'échapper progressivement. Dans ce cas, la pression interne de près de 1kg par cm2 risque d'endommager l'appareil et l'objectif.
Au niveau de la prise de vue, les posemètres n'apprécient pas les contrastes élevés et les contre-jours. Ils n'apprécient pas non plus les UV en énorme quantité ni les perturbations électromagnétiques. Sur terre, en cas de doute sur l'exposition, on fait du «bracketing», c'est-à-dire qu'on prend plusieurs photographies de la même scène avec des ouvertures progressives pour être sûr d'en avoir une correctement exposée.

Certains objets peu lumineux comme les étoiles réclament un temps de pose assez long pour impressionner le négatif. C'est la raison pour laquelle elles n'apparaissent pas sur les photographies des astronautes.
La profondeur de champ est la zone de netteté de la photographie. Elle dépend de la focale de l'objectif et de l'ouverture utilisée.
Un grand angulaire est un objectif qui a un champ de vision plus large que celui de l'œil ; il déforme les perspectives en éloignant l'arrière-plan.
Un téléobjectif est un objectif qui a un champ de vision plus réduit que celui de l'œil, il grossit et a tendance à écraser les perspectives.

Les photographies en cause

Photographie NASA AS11-40-5877 (mission Apollo 11)
L'empreinte réalisée par B. Aldrin dans le but d'étudier le sol lunaire

Rappelez-vous la phrase de Neil Armstrong :
«C'est un petit pas pour l'homme mais un bond de géant pour l'humanité» et voyons de plus près ce que cette empreinte nous inspire plus de trente ans après.

<u>Description</u>
Le sol lunaire semble être composé de matériaux de granulométrie différente (poussières fines, grains de sable et petits cailloux). Il semble qu'il y ait comme une croûte en surface (centre droit de la photographie).

L'empreinte est profonde. Les rainures de la semelle se sont bien imprimées. Le sol au pourtour de l'empreinte semble avoir été comprimé latéralement si l'on en juge par les renflements. Le fait de retirer le pied a disloqué certaines empreintes de rainures qui sont restées en forme sans s'effondrer. Sur le côté gauche de la photographie, un petit bloc repose en porte-à-faux sur une rainure !

Analyse Critique

J'aurais pu obtenir le même genre d'empreinte sur la terre en marchant dans une terre argileuse (glaise) mais sûrement pas sur la lune ou alors, SCOOP du siècle, il y a de l'eau sur la lune sous forme liquide ! Lunar Prospector, la dernière sonde américaine, en a trouvée au pôle sud sous forme de glace, mais rien de nature à assurer une telle cohésion des grains.

Ce qui est choquant, ce n'est pas que les rainures de la semelle soient parfaitement moulées et restent en forme une fois le pied retiré. On pourrait facilement obtenir le même genre d'empreinte sur terre en marchant dans du talc ou du plâtre fin. Non, le plus choquant c'est que certaines empreintes se soient disloquées sans s'effondrer comme on aurait pu s'y attendre si elles avaient été constituées par de la poussière de roche sèche. Une empreinte de rainure (à gauche de la photographie) s'est brisée et repose en porte-à-faux. Comment un petit bloc constitué de poudre de pierre anhydre peut-il rester en porte-à-faux sans s'effondrer ?

Photographie NASA AS11-40-5877 (agrandissement)

Et que penser de la profondeur de l'empreinte ? Sur la lune, un astronaute ne pèse qu'un sixième de son poids terrestre... Moi qui m'attendais à une empreinte de même nature que celle que l'on peut laisser dans du sable fin et sec... c'est-à-dire beaucoup moins marquée. Je dois dire que je trouve cette photographie pour le moins surprenante. Elle est en parfaite contradiction avec ce que l'on connaît pour l'instant du sol de la lune et cela ne semble pas choquer grand monde.

Eléments de réponses scientifiques.

Lors de l'émission de télévision «Nul part ailleurs» du 22/02/2000 sur Canal +, Philippe Vandel a diffusé dans son émission de 20h05 une interview réalisée chez moi.
L'interview était suivie d'une contre-enquête réalisée par André Brahic (astrophysicien célèbre) qui commente donc cette empreinte. Voici ses propos d'après la bande sonore de l'émission :

Photographie d'écran d'André Brahic réalisée
par un internaute lors de l'émission.

«Effectivement, si vous marchez sur une terre argileuse, vous avez une image semblable mais cela peut se passer en d'autres circonstances. Sur la lune, qu'est-ce qu'il se passe ?
La gravité n'est pas la même, premier point. Deuxième point, il n'y a pas d'air, ce qui fait que l'espèce de poussière, un peu comme le sable sur la plage, est très différente de ce qu'il y a sur terre parce qu'il y a des molécules d'air qui s'interposent entre les grains de sable et le sable sur terre quand vous marchez, ce qui fait que cela peut s'écouler plus facilement. Là, il n'y a pas d'air, ce qui fait que c'est plus collé en quelque sorte et c'est ce qui provoque ces traces-là.
Et donc, je vois ce garçon qui est sympathique, qui se pose de bonnes questions et le conseil que j'ai envie de lui donner, c'est : qu'il continue à se poser des questions, qu'il continue à être curieux, qu'il continue à remettre les choses en cause, mais qu'il ne conclut pas trop vite.»
En fait, pour André Brahic et pour d'autres scientifiques, la gravité six fois moindre que sur terre et le vide permettent d'expliquer cette étonnante cohésion des grains.
Je ne suis pas d'accord :
1/6 de la gravité terrestre, c'est quand même une force qui tend à attirer la matière vers le centre de la lune. Certes cette force est plus faible que sur terre, mais elle existe.

La preuve, la poussière soulevée par les roues de la jeep lunaire retombe aussi vite sur le sol lunaire que le ferait du sable sur terre, cela étant dû en partie à l'absence d'atmosphère qui empêche sa suspension dans l'air. A noter que sur les films, elle retombe en poudre et non en petits blocs compactés par les pneus.
Une expérience célèbre réalisée lors de la mission Apollo 15 a même démontré que sur la lune, une plume et un marteau lâchés en même temps à 1,50 m du sol y tombent aussi vite.
Le vide n'assure en rien la cohésion des grains car comme il est partout, il ne peut y avoir d'effet ventouse.
Sur terre, si l'on fait le vide entre deux parois (ventouse par exemple), la pression atmosphérique collera les parois l'une contre l'autre. Si l'on refait le vide autour d'une ventouse, elle se décollera car il n'y aura plus de pression d'air pour la maintenir collée.
Seule la texture de la poussière lunaire pourrait expliquer cette cohésion. Pour cela il faudrait que la surface de chaque grain soit constituée comme du velcros ou comme des légos. En fait, il suffit d'étudier les échantillons rapportés par les astronautes pour en avoir le cœur net.
Les 382 kg d'échantillons collectés sur la totalité des missions ont permis de déterminer que le régolite fin était constitué de fragments rocheux, de minéraux, de scories et de billes de verre. Ces dernières sont des cristaux ou des roches qui ont fondu lors des impacts de météorites. Elles constituent 15 à 50% du régolite fin.
On trouve mieux comme surface pouvant assurer la cohésion des grains !

Edwin Aldrin sur la lune ou le contre-jour idéal !

Photographie NASA AS-11-40-5903 (mission Apollo 11)

Description

Edwin Aldrin est presque éclairé en contre-jour et les moindres détails de sa combinaison (plis et creux du tissu au niveau des jambes et des bras) sont parfaitement visibles.

Par contre, son ombre est entièrement noire et gomme les détails du sol lunaire.

La luminosité est plus importante sur la droite de la photo derrière l'astronaute que sur le paysage en arrière-plan.

Le Lem est situé sur la droite de la photo devant Edwin Aldrin.

Neil Armstrong se trouve en face de lui pour prendre la photo.

Il existe une bande de plus fort éclairage visible dans la visière du casque et qui suit la direction de l'ombre de Edwin Aldrin.

Analyse Critique

Dans le matériel photographique des astronautes, il n'y avait pas de flash pour déboucher les ombres (effet de «fill in»). D'ailleurs, s'il y avait eu un coup de flash, il se serait reflété dans la visière du casque, car on y voit l'astronaute qui a pris la photographie. Idem pour un éventuel projecteur fixé sur le Lem.

L'objectif de l'appareil photographique utilisé sur la lune était un Zeiss Biogon de 60mm ouverture maximale f:5.6. Avec une vitesse d'obturation supérieure au 1/60ème de seconde (*) et un film de 125 Iso, il ne pouvait pas laisser passer assez de lumière pour exposer correctement les parties dans l'ombre.

(*) vitesse minimum pour éviter tout risque de bougé sans pied.

De vous à moi, si vous étiez allé sur la lune, auriez-vous fait vos photographies en contre-jour ou avec le soleil dans le dos ?

J'aurais pour ma part opté pour la deuxième solution, afin de m'assurer un maximum de succès. La première technique que l'on apprend en photographie, c'est justement d'éviter les contre-jours.

Le paysage lunaire visible en arrière-plan est beaucoup plus sombre que le sol juste derrière l'astronaute.

A part une réalisation en studio avec des projecteurs et des réflecteurs bien disposés, je ne vois pas d'autre explication plausible, car sur la lune, il n'y a pas de nuage pour arrêter

les rayons du soleil.
Autre chose étonnante, la combinaison spatiale montre de nombreux plis et creux ! Or, que fait de l'air emprisonné dans un ballon étanche quand la pression extérieure diminue ?
Il se dilate et le ballon gonfle !
La combinaison ayant été enfilée dans le Lem en atmosphère pressurisée, l'air contenu à l'intérieur devrait se dilater à cause du vide lunaire. Compte tenu de la pression interne, le tissu de la combinaison devrait être tendu.
Il est évident qu'elle a été conçue pour résister à cette dilatation, mais cela n'explique pas le pourquoi des creux et les plis du tissu !
Vérifier si cette tension interne de la combinaison ne gêne pas pour plier les bras et les jambes pourrait être réalisé sur terre. Il suffit d'enfiler une combinaison et de la pressuriser au double de la pression atmosphérique pour reconstituer ce qui se passe sur la lune.
Je m'interroge également à propos de la climatisation de la combinaison spatiale, car dehors il fait +130°C au soleil et -150°C à l'ombre.
Il fallait qu'elle soit conçue pour :
- Eviter la buée liée à la respiration sur la visière du casque.
- Maintenir une température supportable à l'intérieur de la combinaison.
- Permettre la respiration de la peau.
- Eviter de respirer un air trop froid, ou au contraire que les bouteilles sous pression n'explosent du fait de la chaleur.
Pourquoi les gants ne sont-ils pas blancs alors que les mains sont ce qu'il y a de plus sensible au froid et au chaud, et que c'est probablement la partie la plus difficile à climatiser ?
Comment était faite la protection contre les rayons X ? Et quelle dose de rayons X arrive sur la surface lunaire ? Est-

elle compatible avec le fait de pouvoir photographier sans risque de voiler le film ?
Voici une autre photographie d'Edwin Aldrin au même endroit ! Là aussi les ombres sont correctement débouchées et l'éclairage solaire ponctuel.
On notera l'absence de ripage au niveau du pied du Lem. Il s'est posé en douceur sur le sol sans glisser sur la poussière.

Photographie NASA AS11-40-5902 (mission Apollo 11)

Eléments de réponses scientifiques

La chaîne de télévision belge RTL TVI a diffusé le 21/03/00 dans son émission «Ça alors» une interview réalisée chez moi par Luc Gilson, suivie d'une contre-enquête auprès d'un scientifique de l'ESA. (Agence Spatiale Européenne)

Réponse de Marcello Coradini :
«C'est vrai par exemple qu'il y a des zones qui ne sont pas directement éclairées par la lumière solaire et qui en principe doivent rester

totalement à l'ombre. Mais il faut aussi se rappeler que la surface lunaire reflète la lumière et en conséquence, la partie qui n'est pas directement éclairée par le soleil est éclairée par la lumière qui est reflétée par la surface lunaire.»

Je ne suis toujours pas d'accord :
Ici, le sol est plat et le Lem qui aurait pu refléter la lumière solaire est situé du mauvais côté de l'astronaute. Regardez bien la partie gauche du sac à dos, tous les détails sont clairement visibles et le casque masque un éventuel reflet du Lem.
Rappelez-vous l'albédo du sol lunaire ; autant essayer de déboucher les ombres avec un carton gris mal orienté et qui ne reflète que 8,3 % de la lumière solaire.
Dans un souci d'objectivité, je vous transmets d'autres réponses obtenues dans le groupe de news fr.sci.astronomie. Elles n'émanent pas toutes de scientifiques mais dénotent une autre manière d'envisager ces données.
- L'atténuation de la lumière vient du fait de la nature du film ou de l'altération de celui-ci suite aux conditions de prise de vue.
- La photographie a été volontairement retravaillée en laboratoire par la Nasa avant diffusion à la presse. Les ombres ont été débouchées par une exposition plus importante (technique des masques).
- La combinaison de l'astronaute était faite de plusieurs couches indépendantes. La dernière couche n'étant pas celle qui résiste à la pression, il est normal qu'elle ne se tende pas.

Voici une photographie prise sur terre pendant l'entraînement des astronautes. Comme on peut le constater, il n'y a aucune différence au niveau des plis.

Photo NASA AP11-69-H-698 (Mission Apollo 11)

On remarque que sur terre, compte tenu du poids du scaphandre, les astronautes compensaient par une position légèrement penchée en avant, les jambes légèrement pliées. Pour recréer les conditions lunaires, il suffisait d'enlever les bouteilles du sac à dos.
En fait, le plus étonnant est la démarche des astronautes sur la lune. Pas chassés et marche en crabe ! Pourquoi un astronaute se met-il à marcher latéralement quand il se trouve sur la lune, alors qu'il ne pèse plus que 30 kg ?

Dérapage contrôlé !

Photographie NASA AS16-107-17446 (mission Apollo 16)
Astronaute Charles Duke à côté de la jeep lunaire

Description
Un astronaute de dos à côté de la jeep lunaire. Cette fois-ci, les ombres portées sur sa combinaison sont bien noires. Un arrière-plan estompé juste derrière la jeep. Un champ de cailloux avec des traces de pneus qui tournent à 90° après être passés sur de gros cailloux. Un appareil de mesure de type trépied posé dans le champ de cailloux.

Analyse Critique
Et voici une belle photographie de dos !
Décidément ils ne sont vraiment pas doués pour le cadrage à la Nasa !

Aucune chance d'être publié dans «Chasseur d'images» ou dans «Réponse Photo», sauf peut-être à la rubrique «ratés» !
Pourquoi ne pas avoir attendu que l'astronaute regarde l'objectif avant de déclencher ?
Le but était sûrement de nous montrer des traces de pneus afin de mettre en valeur les capacités tout terrain de la jeep lunaire. Alors, regardons-les de plus près !
On dirait que du côté du permis de conduire, ce n'est pas beaucoup plus brillant à la Nasa, sauf si le but était d'essayer d'endommager le véhicule lunaire en roulant sur des pierres... Les astronautes, seuls sur la lune, devaient jouer la carte de la sécurité et limiter leur rayon d'action à 9,5 km autour du Lem. Il est donc étonnant qu'ils prennent le risque de l'endommager sur des pierres !
D'après les nombreuses traces de pneus, il semble que le champ de cailloux les ait particulièrement intéressés. La première grosse pierre à gauche comporte une lettre C gravée dessus ! D'ou vient cette marque ?
Les traces de pneus comportent des stries mais, après le dernier gros caillou, elles deviennent lisses comme si le véhicule avait été tiré à la main. Le rayon de braquage est incroyablement court... presque à angle droit avec, en prime, les roues arrière qui passent sur le même chemin que les roues avant... Quel sacré véhicule que cette jeep !
Regardez aussi le paysage en arrière-plan ; passée la jeep, il s'estompe drôlement ! Avec une luminosité pareille et en «diaphragmant» à f:22, chacun de nous aurait sûrement fait mieux. N'oubliez pas que l'objectif utilisé était un super grand angulaire ; la photographie devrait donc être nette de 0,5 m à l'infini. A moins que ce soit l'assemblage de deux photographies que l'on nous présente ?
Ceux d'entre vous qui ont enregistré des cassettes vidéos montrant le déplacement de ce véhicule sur la lune,

devraient regarder attentivement les projections de poussière lunaire derrière les roues. Il est amusant de voir cette poussière se comporter comme du sable et finalement ne pas être expulsée beaucoup plus haut que sur terre.
Il serait aussi très intéressant de se pencher sur le problème des batteries de la jeep. Comment font-elles pour résister aux températures extrêmes de la lune ?

Photographie NASA S72-37002 (Mission Apollo 16)

Poussière soulevée par les roues de la jeep
Ici, la cohésion des grains ne semble pas jouer !

Photographie NASA S72-36970 (Mission Apollo 16)

Le matériel sensible est vraiment soumis à rude épreuve. L'antenne et la caméra de la jeep doivent apprécier !

Eléments de réponses scientifiques.

- La jeep lunaire comportait quatre roues motrices indépendantes qui permettaient de faire passer les roues arrière sur les traces des roues avant.

D'accord… mais encore faut-il que cette option ait été enclenchée juste à ce moment-là !

- Il n'y a pas d'élément qui indique la distance au Lem ! Si c'était la fin de la mission, la jeep pouvait faire un test final sur les pierres !

Il aurait été plus judicieux de la finir en l'envoyant à l'aventure. Elle aurait pu transmettre des images en dehors de la zone d'exploration des astronautes.

- A propos de la profondeur de champ, l'objectif de l'appareil photographique était un Zeiss Biogon de 60 mm ouverture maximale f:5.6.

C'est-à-dire un super grand angulaire peu «lumineux», car les objectifs utilisés sur terre descendent facilement à f:2.8 voire f:1.8.

Rappelez-vous que le propre d'un grand angulaire est d'avoir une très grande profondeur de champ. En général, à f:5.6 la photographie est nette de 0,50 m à l'infini. Pour un arrière-plan qui s'estompe juste derrière la jeep, il aurait fallu une ouverture de f:1.8.

Le Mister Bean de la mission Apollo 12

Alan Bean
Photographie NASA AS12-49-7278 (Mission Apollo 12)

Description

L'astronaute Alan Bean est éclairé latéralement et tient une éprouvette dans sa main droite. Tous les détails de sa combinaison sont clairement visibles. Celle-ci semble vraiment collée à sa peau au niveau des biceps.

On remarque la caméra accrochée sur le devant de la combinaison à hauteur du thorax.

Le sol lunaire en arrière-plan ne reflète pas la lumière, malgré un éclairage intense de la combinaison.

Dans la visière, on voit très bien le reflet de l'astronaute qui prend la photo.

Le point lumineux en haut à gauche semble être un reflet du soleil sur une partie métallique.

Analyse Critique

Pfff... même pas le respect du matériel photographique !

La caméra ne semble pas particulièrement protégée contre la poussière, le vide, le froid, la chaleur et les radiations X et ultraviolettes. Le film et les lentilles de l'objectif risquent d'être sérieusement endommagés !

Pourquoi n'y a-t-il pas de feuille d'or réfléchissante dessus, alors qu'il y en a sur les pieds du Lem et sur les caméras de la jeep ?

Il faut pas oublier que sur la lune, en plein soleil, la température peut monter à +130°C et que celle-ci reçoit toutes les radiations solaires sans filtre atmosphérique.

J'ai du mal à croire qu'ils ont truqué toutes les photos de chacune des missions au motif qu'il est impossible de photographier correctement sur la lune. Quand on est capable d'y aller, on doit certainement être en mesure de construire un appareil photo capable de résister aux conditions extrêmes.

Quelle pellicule photo peut résister à des écarts de température allant de -150°C à +130°C sans autre protection que le boîtier de l'appareil ?

Si l'on m'avait demandé de construire un appareil photo adapté aux conditions lunaire, je l'aurais mis dans un caisson de protection pressurisé et climatisé comme celui que l'on utilise pour photographier sous l'eau à grande profondeur.

Le contre-jour est encore une fois idéal, bien débouché sans flash et surprise, si l'on regarde le reflet dans la visière du casque, on aperçoit des ombres qui partent dans deux directions différentes. J'ai beau regarder dehors, je ne vois pas deux soleils !

Plus étonnant encore, l'astronaute qui prend la photo est éclairé de face tout en se trouvant en face de celui qui est éclairé de profil.

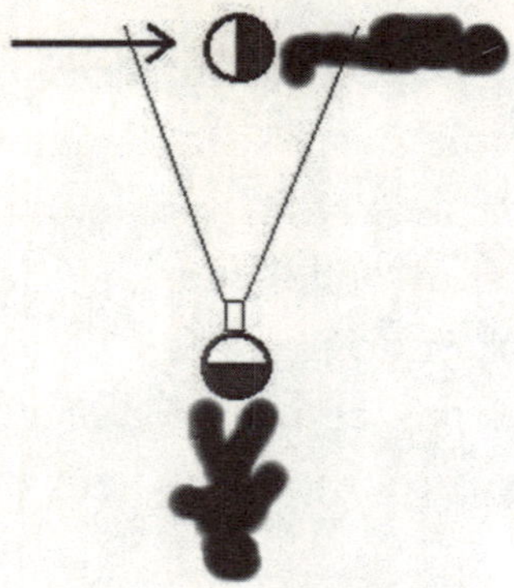

La flèche indique la direction du soleil.
Encore une fois, l'arrière-plan de la photo s'estompe et s'assombrit sans aucune raison valable.
Pourquoi le côté de la combinaison est-il éclairé par un soleil brillant qui n'éclaire pas le sol derrière l'astronaute ?
Pourquoi le reflet dans la visière du casque montre-t-il un sol lunaire plus lumineux que celui de l'arrière-plan ?
Côté combinaison, on remarque encore qu'elle colle à la peau de l'astronaute au lieu de se gonfler à cause du vide. La pression interne d'un kilo par cm2 n'a pas l'air de l'empêcher de plier facilement les bras !
Dernier point, regardez l'instrument que l'astronaute tient dans sa main : la partie inférieure n'est pas raccordée à la partie supérieure. Trop c'est trop !

Eléments de réponses scientifiques.
A propos de l'appareil photographique lunaire, voici à quoi il ressemblait :

Hasselblad Data Camera

Il s'agit d'une version modifiée de l'appareil photographique Hasselblad 500EL, utilisée pour les photographies photogrammétriques à résolution moyenne pendant les programmes Apollo et Skylab. La caméra comporte une plaque à réseau en verre positionnée immédiatement devant le plan du film de 70 mm. La plaque à réseau place un réseau de croix de précision sur chaque photographie pour faciliter l'utilisation photogrammétrique de la photo. La caméra pèse 1410 grammes, les lentilles sont des Zeiss Biogon de 60 mm f/5.6.

Réponse d'Arnaud Delaunay visible sur la page web :
http://perso.club-internet.fr/arnaudel/Payekhali/Dossiers/Contre-analyse-04.html

«La pellicule n'est pas soumise aux mêmes conditions que la caméra elle-même. D'abord, le changement de température n'est pas immédiat. On ne passe pas de -150 à +130 instantanément en tournant simplement le dos. Essayez de vous rappeler de vos cours de physique ou piquez le bouquin de classe de vos enfants/petits cousins/autres. Ensuite, nous sommes dans le vide, vous vous rappelez ? Et quel est un des meilleurs isolants thermiques ? LE VIDE ! Car il n'y a pas de conduction. C'est d'ailleurs le principe même des bouteilles thermos ! L'appareil chauffe à cause de l'exposition directe au soleil, mais la pellicule est très bien protégée...»

Ph. L. : Ici, il s'agit surtout de ne pas dépasser +50°C ou -40°C. L'appareil chargé en atmosphère pressurisée avait-il une valve de dépressurisation pour faire le vide à l'intérieur ?

Sinon, alors l'air emprisonné à l'intérieur va s'échauffer au contact du boîtier et endommager la pellicule. Il va aussi appliquer une pression importante sur les parois.

Précisons également que si le vide est un bon isolant, les pièces métalliques qui sont fixées au boîtier pour tenir l'obturateur et la pellicule ne le sont pas.

On pourrait aussi se demander ce que devient l'air emprisonné entre les lentilles de l'objectif quand on sort dans le vide et pourquoi l'extérieur de l'objectif était peint en noir (absorbeur de chaleur) plutôt qu'en blanc ?

Il semblerait en tout cas si l'on en juge par les photographies ci-dessous, que sa position ventrale ne soit pas très ergonomique pour manier une pelle ou pour descendre l'échelle du Lem.

Pourquoi ne pas l'avoir accroché sur un côté du casque ? La protection aurait été meilleure en cas de chute de l'astronaute !

Photographie NASA AS17-134-20425 (Mission Apollo 17)
Harrison Schmitt collectant des échantillons

Creuser ou photographier, il faut choisir !
A croire que les photographies fournies à la presse sont un recueil de tous les problèmes à éviter lors d'une mission lunaire.

Photographie NASA AS11-40-5863 (mission Apollo 11)
Sortie d'Edwin Aldrin

N. Armstrong a vraiment dû s'amuser pour descendre en premier avec son appareil photographique !

A propos de l'éclairage de la scène

Voici une étude réalisée par Bernard Lemoine et Jean-Luc Destombes du Laboratoire de Physique des Lasers, Atomes et Molécules de l'Université des Sciences et Technologies de Lille (France).

«La photo reproduit (avec deux bouteilles de lait et une boule de décoration de Noël), l'apparente incohérence des ombres que l'on observe par réflexion dans la visière de Bean photographiée par Conrad (Apollo 12). Cet effet est simplement dû à la déformation des perspectives que produit une réflexion sur une surface sphérique. On observe également comment les zones d'ombres du scaphandre de Bean sont généreusement éclairées par le scaphandre de l'astronaute photographe. Les plus belles photographies ont été ainsi faites à contre-jour.»

Photo et texte extraits du site :
http://franck.germain.free.fr/nasa/apollo.htm

Ph. L. : Un grand bravo a ces deux scientifiques qui, avec un minimum de moyens, ont clairement pu démontrer qu'il s'agissait d'une illusion d'optique liée à la forme sphérique de la visière. Cela dit, il reste quand même une ombre non

élucidée. Celle qui rejoint celle de l'astronaute qui prend la photographie !
A propos de l'éprouvette, voici une réponse d'Arnaud Delaunay.

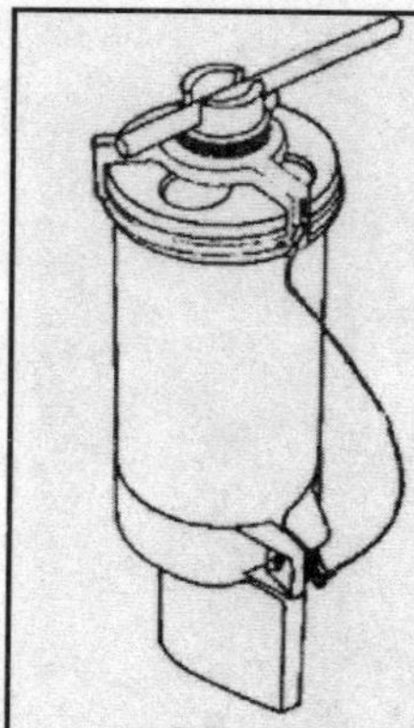

S.E.S.C

«Il s'agit du «Special Environmental Sample Container», outil qui sera utilisé jusqu'à Apollo 17. Le but de cet appareil est de pouvoir rapporter des échantillons sous vide. L'utilisation de l'engin se fait comme suit : l'astronaute retire le scellé du container afin de l'ouvrir. Ensuite, en utilisant un outil spécial, ramasse l'échantillon et le verse dans le container (sur la photo, on peut constater que le container est rempli). Ensuite, l'astronaute prend le couvercle qui, jusqu'à cet instant, est pendu au fond du container par un câble fin (qu'on peut apercevoir sur la droite du bras du couvercle). Il positionne le couvercle sur l'ouverture du container. Il ne reste plus qu'à faire tourner le bras du couvercle pour sceller le container.»

Ph. L. : Personnellement, je ne vois aucun câble sur la photographie et si l'on se fie au dessin, le centre de gravité du couvercle aurait dû faire basculer la plus grande partie de la tige vers le bas. Admettons qu'il s'agisse d'un modèle différent et que le câble est trop fin pour être visible sur la photographie.

James Irwin vous salue bien !

James Irwin
Photographie NASA AS15-88-11866 (Mission Apollo 15)

Description
L'astronaute James Irwin salue le drapeau américain. On voit aussi la Jeep lunaire et le Lem sur un sol nettement plus foncé que celui du fond montagneux visible en arrière-plan. La scène est éclairée latéralement.

Analyse Critique

Sur la partie du Lem qui est en contre-jour, le panneau United States apparaît bien blanc alors qu'il aurait dû être dans le noir complet.

La montagne imposante qui se trouve derrière le Lem devrait avoir une partie dans l'ombre, si l'on en juge par la direction de l'ombre du Lem et de celle de l'astronaute ! Or, son versant est complètement ensoleillé !

Les détails de la combinaison de James Irwin ne devraient pas être visibles puisqu'il se trouve presque en contre-jour.

Il est étonnant que la NASA ait choisi cet endroit pour alunir !

Que serait-il arrivé si le LEM s'était posé sur le versant de la montagne ?

Regardez bien le sol lunaire derrière l'astronaute, la limite avec la montagne est clairement visible.

Le sable lunaire au premier plan est plus foncé que celui en arrière-plan, même dans les parties où les astronautes n'ont pas marché. Sa délimitation avec la partie plus claire est très nette, un peu comme si le sol avait été ratissé.

Voici une autre photographie prise du même endroit et qui montre clairement la délimitation entre les deux couleurs de sols.

Photographie NASA AS15-88-11863 (mission Apollo 15)

Sur cette photographie, on remarque un halo qui pourrait être dû à de la poussière en suspension. Le problème est que la poussière ne peut pas rester en suspension dans le vide. Elle retombe tout de suite.

De toutes les photographies visibles sur le site de la Nasa concernant la conquête de la lune, je n'en ai pas trouvé une seule d'un astronaute de face prise avec le soleil dans le dos du photographe. Elles sont toutes réalisées soit en contre-jour, soit avec le soleil de côté. Est-ce parce que la vraie source lumineuse risquait de se refléter dans le casque de l'astronaute ?

Eléments de réponse scientifiques

La montagne arrière ayant une pente douce, il suffit que le soleil soit assez haut dans le ciel lunaire pour que ses rayons ne soient pas arrêtés.

Il est évident que le panneau United States a été volontairement débouché en laboratoire, mais retoucher une photographie pour faire apparaître un insigne patriotique ne veut pas dire pour autant que la photographie a été prise en studio.

D'après la Nasa, la montagne en arrière-plan est très loin derrière le Lem (environ 5km). La prise de vue au téléobjectif a écrasé le relief.

Ph. L. : Il faudrait savoir, grand angulaire ou télé-objectif ?

Photographie NASA AS15-82-11057 (mission Apollo 15)

Voici le même Lem vu du côté droit de la photographie précédente ; on y remarque qu'il n'est pas aussi collé qu'il en a l'air aux montagnes avoisinantes.
Certes, mais la marge de sécurité est quand même minimum quand on connaît les aléas de l'alunissage. Il suffit de mesurer la distance en la comparant à la taille du Lem. On est loin des 5 km (voir vue aérienne de la mission Apollo 15 ci-dessous). Si les montagnes étaient vraiment à cette distance, on devrait les voir dépasser de la ligne d'horizon, or ce n'est pas le cas !

Le Lem en contre-jour

Photographie NASA AS14-66-9306 (Mission Apollo 14)

Description

Le Lem d'Apollo 14 en plein contre-jour. Le soleil dissimulé derrière le Lem provoque tout de même un reflet gênant en partie haute.

Analyse Critique

La Nasa aurait-elle décidé de gâcher de la pellicule ? Quel est l'intérêt scientifique d'une telle photographie ?

Nous montrer un contre-jour bien débouché sans flash, c'est déjà un exploit, mais avec un tel reflet du soleil dans l'objectif, cela tient du miracle !

Hasselblad a vraiment réussi un exploit technique avec son appareil photographique. Avec une vitesse d'obturation supérieure au 1/60 de seconde (*) et un film de 125 Iso, il ne pouvait pas laisser passer assez de lumière pour exposer correctement les parties dans l'ombre.

(*) vitesse minimum pour éviter tout risque de bougé sans pied.

En ce qui concerne la taille du Lem, la partie supérieure doit contenir 2 astronautes en combinaison plus les réserves d'oxygène, de nourriture, les échantillons prélevés et le carburant nécessaire au retour.
Elle me semble un peu petite pour assurer sa fonction de retour. Je serais curieux de voir ce qui se passerait si l'on refaisait les calculs.
Quelle est la quantité de carburant nécessaire pour arracher le Lem de l'attraction lunaire, sachant que celle-ci fait 1/6 de l'attraction terrestre ?
Cette quantité de carburant est-elle vraiment compatible avec la taille des réservoirs du Lem ? Et je ne parle même pas des problèmes d'équilibrage au décollage, car la forme est différente pour l'aller et le retour.

Eléments de réponses scientifiques.
Je n'en ai pas pour cette partie, mais j'ai récupéré les plans du Lem. Ils parlent d'eux-mêmes.

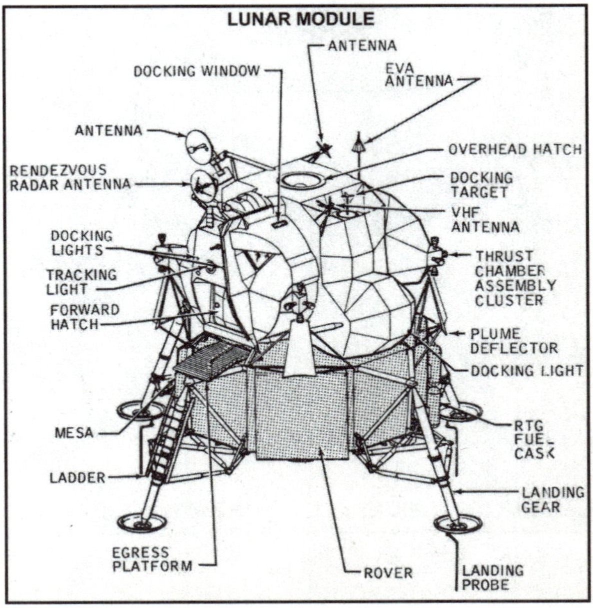

Le Lem se pilote comme un char d'assaut, si l'on en juge par la taille des hublots ! Son équilibrage lors de la descente puise dans les réserves de carburant nécessaires au retour, car il n'y a pas de tuyères d'éjection en partie basse.

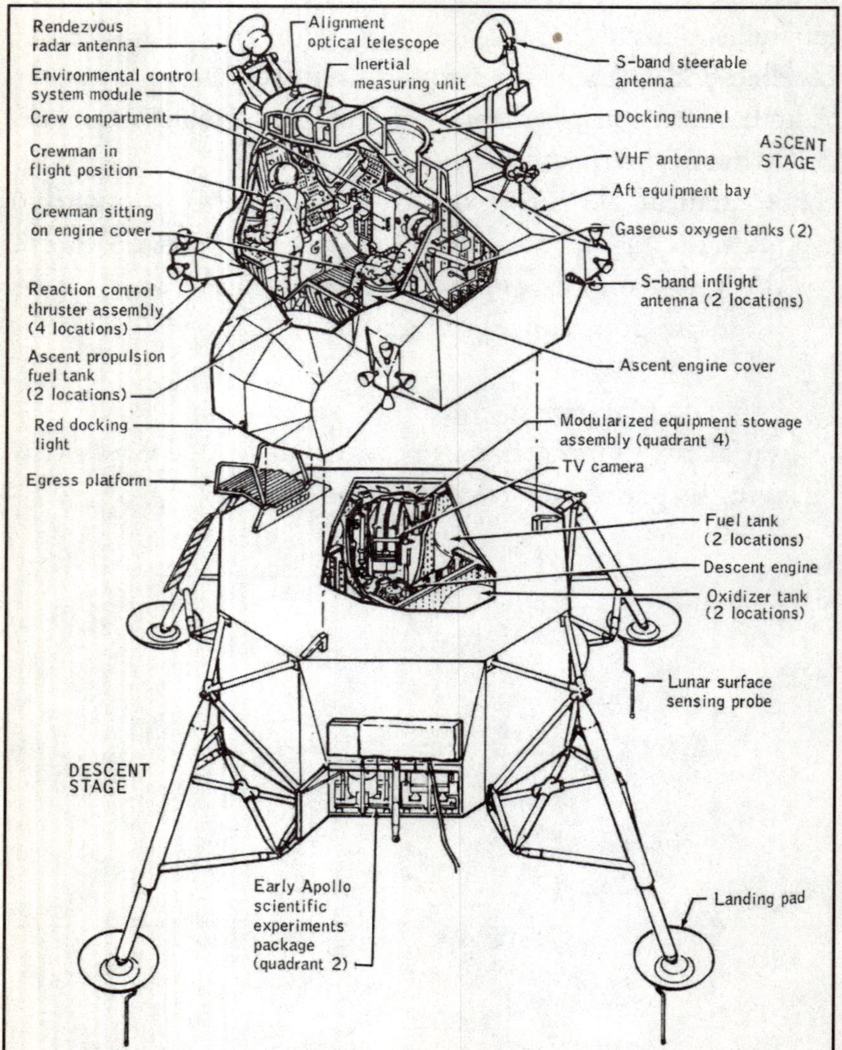

LUNAR MODULE CONFIGURATION FOR INITIAL LUNAR LANDING

Un engin qui ne paraît pas évident à piloter ! Et comment faire pour le rendez-vous de retour avec la capsule restée en orbite, la jonction se faisant sur le dessus du Lem et le pilotage debout empêchant de regarder par le hublot «docking window» ?
On remarque aussi qu'il n'y a pas de sas de décompression. La sortie d'un astronaute implique donc de dépressuriser entièrement la cabine du Lem.
Pour le retour, celui qui ne pilote pas est assis sur le couvercle du réacteur. Voilà ce que l'on peut appeler «avoir eu chaud aux fesses».

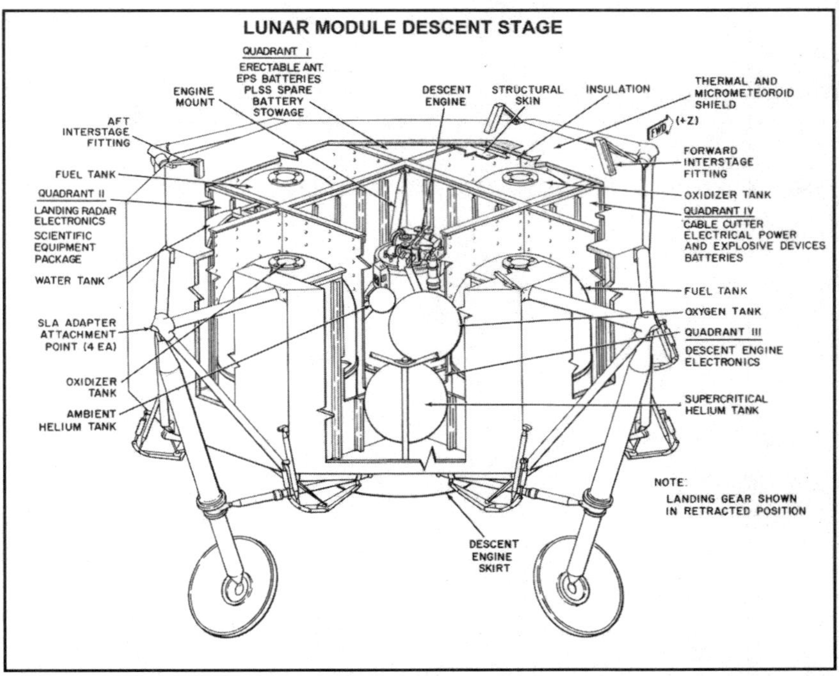

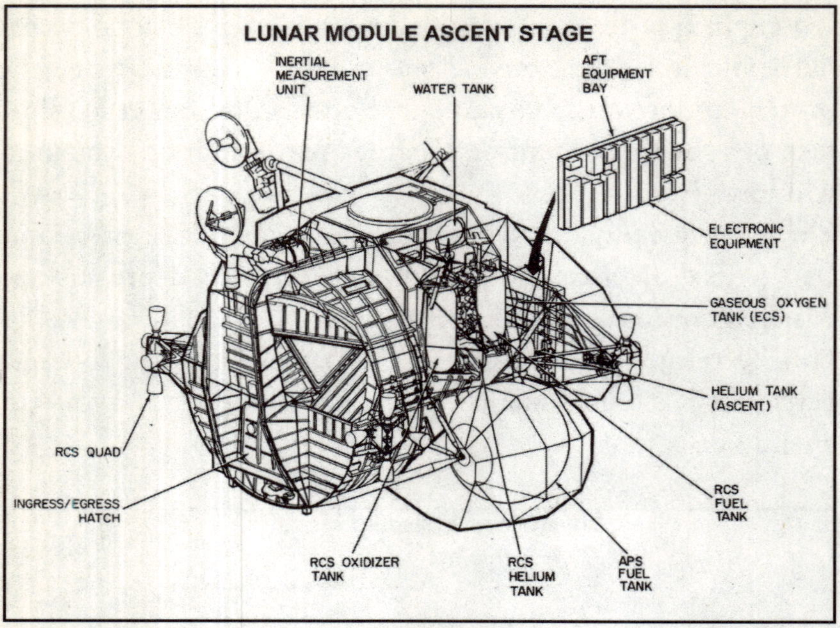

Auriez-vous risqué votre vie dans un pareil engin ?
Moi, non !

Une ligne d'horizon vraiment proche

Photographie NASA AS11-40-5962 (Mission Apollo 11)

<u>Description</u>

Le Lem d'Apollo 11 sur fond noir. L'ombre de l'astronaute qui prend la photographie et l'ombre du Lem semblent converger vers un même point de fuite. L'horizon semble passer juste derrière l'ombre du Lem.

Nota : Il est tout à fait normal de ne pas voir d'étoiles dans le ciel lunaire. Elles existent mais ne sont pas assez lumineuses pour avoir le temps d'impressionner la pellicule.

Analyse Critique
Je veux bien que sur la lune, la ligne d'horizon soit plus proche que sur terre, mais à ce point-là !
Voici une autre photographie du Lem d'Apollo 11, qui montre la proximité de la ligne d'horizon.

Photographie NASA AS11-40-5948 (mission Apollo 11)
Aldrin après le déploiement d'une expérience

Dans un premier temps, j'ai cru que les ombres convergentes de la photographie AS11-40-5962 étaient une preuve de la présence d'un éclairage artificiel de la scène.
Mon raisonnement était le suivant : puisque le soleil est un point lumineux situé à 150 millions de km et que ses rayons divergent au fur et à mesure de l'éloignement, il suffit de tirer une droite passant par l'ombre de l'astronaute et une autre passant par l'ombre du Lem, pour trouver le soleil au point d'intersection des deux droites.
Je remercie Mario Hebert, un internaute canadien d'avoir pris le temps de démontrer qu'il n'en était rien et que c'était seulement une illusion d'optique. Il s'agissait en fait d'un simple effet de perspective (voir explication ci-après).
On remarque aussi qu'il n'y a aucune trace de pas entre le

Lem et l'astronaute qui prend la photographie, comme si celui ci avait volontairement fait un arc de cercle pour éviter de photographier ses empreintes de pas.

Eléments de réponses scientifiques.
Il s'agit bien évidemment d'une illusion d'optique et non d'un fond noir de cinéma.
La lune a un diamètre moyen de 3 476 km contre 12757km pour la terre, ce qui fait que la ligne d'horizon sur la lune se trouve beaucoup plus proche que sur la terre. A titre indicatif, sur terre, des yeux situés à 1,70 m du sol et regardant la mer, ont une ligne d'horizon située vers 4,56 km, sur la lune elle ne serait qu'à 2,43 km.
Ici, le terrain est plat et nos sens sont dupés car ils se réfèrent aux conditions connues sur terre.

Ph. L. : Pour en être sûr, il faudrait réaliser une simulation de l'horizon lunaire sur ordinateur. Pour ceux qui comme moi doutaient au début que les ombres convergentes soient dues au soleil, voici l'image de synthèse réalisée par Mario Hebert. Le cylindre matérialise le Lem.

Je cite ses paroles :
«L'implication importante ici, dans la cause qui nous préoccupe, c'est que l'ombre de l'astronaute photographe, dans la réalité du sol lunaire, va rigoureusement dans le même sens que celle du Lem, «malgré tous les doutes» !»
Pour le Lem évidemment, seule la longueur de l'ombre varie, mais pas son orientation, puisqu'il est de plus grande taille que les astronautes.
L'autre chose que l'on constate, c'est que plus l'ombre est proche de l'objectif, plus elle semble se redresser, ce qui est dû à un simple effet de perspective.

Donc, dans le réel (sur la Lune), toutes les ombres sont parallèles sur le sol, comme le démontre l'image ci-dessus, mais si l'on observe ce résultat sur un support à deux dimensions comme une photographie ou une image sur

l'écran d'un ordinateur, la perspective fera son oeuvre et nous donnera le résultat observé ci-dessus. Cette photographie couvre un angle de 90° exactement, dans le sens horizontal et vertical.
Je répète qu'ici, la source lumineuse est tout à fait assimilable au Soleil, situé à 150 millions de kilomètres derrière.
Salutations, donc, au plus chanceux des photographes qui, il y a 30 ans, a pu tranquillement prendre une photographie avec toutes ses imperfections, dans le calme et la tranquillité du sol lunaire.» (Mario Hebert)
L'étude complète est visible sur :
http ://pages.infinit.net/cassini/debat-ombres.htm

Ph. L. : Il était aisé de passer cette réponse sous silence lors de la rédaction de ce livre, mais mon but n'est pas de duper les lecteurs. Contre le doute, gagner une bataille n'est pas gagner la guerre. Ce n'est pas parce qu'une remarque trouve une explication plausible que toutes les critiques émises dans ce livre vont en trouver une.
L'étude de Mario Hebert a démontré que la convergence des ombres était normale. Pas que la photographie avait bien été prise sur la lune.

La Terre vue de la Lune

Photo NASA AS17-137-20910 (mission Apollo 17)

Description

Un gros rocher granuleux au premier plan. On aperçoit des fissures sur le rocher ainsi que des stries. Au-dessus du rocher, la Terre se détache sur un fond bien noir.

Analyse Critique

L'arrière-plan montrant le sol lunaire ressemble vraiment à une vue aérienne de la Lune. J'ai pourtant du mal à croire que ce rocher se trouve au sommet d'une montagne ! D'autre part la Lune est recouverte d'une couche de poussière d'environ 5 cm d'épaisseur. Pourquoi n'y en a-t-il aucune trace sur le rocher au premier plan ?

L'astronaute n'a malheureusement pas pris le temps de déposer un objet de taille connue sur le rocher pour donner une idée de sa taille. Un simple marteau aurait convenu.
La terre qui devrait faire 3,67 fois le diamètre de la lune vue de la terre, paraît bien petite et vraiment basse sur l'horizon. Comparez sa taille avec celle de la photo qui suit et montre la terre vue de l'orbite lunaire.
Cette photographie couvre une grande partie de la lune et la terre paraît énorme par rapport à celle visible sur la photo prise du sol lunaire. Effet d'optique ou mauvais truquage ?

Photo NASA AS11-44-6549 (Mission Apollo 11)

En ce qui concerne l'apparence externe du rocher, la présence de stries est assez étrange, mais il n'y a pas assez d'éléments pour en dire davantage. Il est normalement impossible que ce soit une roche sédimentaire.

Eléments de réponse scientifiques
La photo prise de la lune est réalisée avec un objectif grand angulaire si l'on en juge par la grande profondeur de champ. Or, la propriété des grands angulaires est de grossir les premiers plans et de rapetisser les arrière-plans.

Ph. L. : J'ai pu récupéré le texte qui accompagne les photos sur le site de la Nasa.

Pour la terre vue du sol de la lune :
NASA Photo ID : AS17-137-20910
File Name : 10075958.jpg
Film Type : 70mm Date Taken: 12/12/72
Title : View of boulder photographed during second Apollo 17 EVA
Description : View of boulder at Station 2 (Amundsen Crater) photographed during second Apollo 17 extravehicular activity (EVA-2). The earth can be seen directly above the boulder in the lunar sky.
Subject terms :
Apollo 17 Flight
Apollo Project
Extravehicular Activity
Lunar Photography
Lunar Rocks
Lunar Surface

Pour la terre vue de la capsule en orbite :
NASA Photo ID: AS11-44-6549
File Name : 10075247.jpg
Film Type : 70mm Date Taken : 07/16/69
Title : View of Earth rising over Moon's horizon taken from Apollo 11 spacecraft
Description : This view of the Earth rising over the Moon's horizon was taken from the Apollo 11 spacecraft. The lunar terrain pictured is in the area of Smuth's Sea on the nearside. Coordinates of the center of the terrain are 85 degrees east longitude and 3 degrees north latitude.
Subject terms :
Apollo 11
Apollo Project
Earth (Planet)
Earth Observations (from space)
Horizon
Lunar Surface
Lunar Topography
Moon
Onboard Activities
Photography

A noter que les deux photos font partie de missions différentes. Il n'est malheureusement pas fait mention de l'objectif utilisé pour les prises de vues. Dommage !

Décollage du Lem d'Apollo 17
Deux images tirées du film

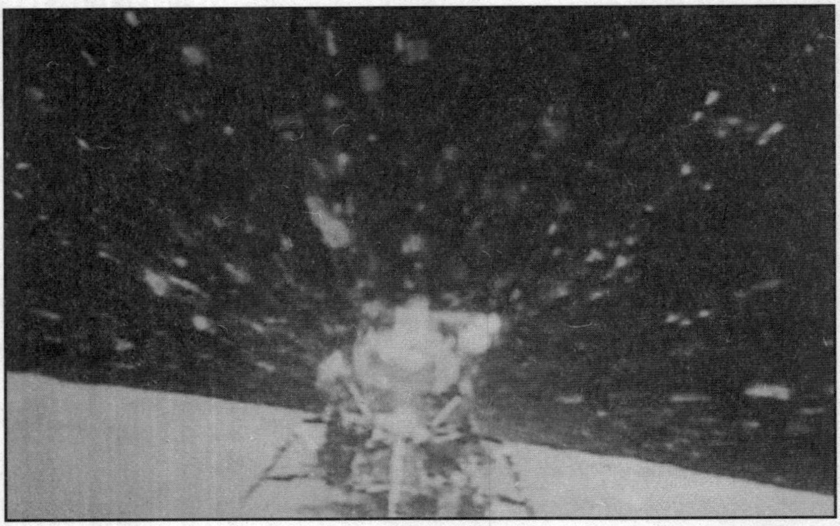

Photographie NASA S72-55422 (mission Apollo 17)

Description
Mise à feu du moteur entraînant une grosse gerbe d'étincelles suivi d'un jet de gaz sous pression qui disparaît très rapidement.

Photographie NASA S72-55421 (mission Apollo 17)

Description

Ascension du Lem, il grimpe tout seul dans le vide, sans flamme visible au niveau du réacteur. La caméra restée sur le véhicule lunaire fait un petit zoom arrière et le suit parfaitement jusqu'à un point situé très haut dans l'espace.

Analyse Critique

Ces images vidéo sont censées être prises lors du re-décollage du Lem de la mission Apollo 17 (dernière mission, snif !).

Pour ceux qui ont eu la chance de voir le film, c'est la caméra restée sur le véhicule lunaire qui filme la scène.
Coup de zoom arrière et suivi de l'ascension du Lem presqu'à la verticale, le tout piloté de la terre. Compte tenu du décalage des signaux, c'est un exploit technique.
La mise à feu du moteur entraîne tout d'abord une grosse gerbe d'étincelles qui se propage étonnamment bien dans le vide. Le module de retour se détache. On observe un petit jet de gaz sous pression mais ensuite plus rien, pas de gaz, pas de flamme, le Lem grimpe tout seul dans l'espace comme s'il était soulevé par une corde. Ce doit être un carburant magique qui brûle sans faire de flamme et ne libère qu'un gaz parfaitement transparent !
Même les artistes qui travaillent pour la NASA n'étaient pas au courant de ce type de carburant, si l'on en juge par leurs tableaux !

Photographie NASA S69-39011 (Mission Apollo 11)

Il s'agit d'une peinture mais tout y est, même le panneau United States qui brille dans le noir. Les ombres visibles sur le Lem sont en totale contradiction avec celles du paysage à l'arrière-plan. Il est étonnant que des artistes fassent de telles erreurs dans les ombres.

Photographie NASA S69-39335 (Mission Apollo 11)

Le carburant utilisé est le même pour l'aller et le retour. Du moins c'est ce que la Nasa nous enseigne sur son site. Même les artistes étaient au courant ! Alors, pourquoi le Lem d'Apollo 17 décolle-t-il sans aucune flamme ?

Eléments de réponse scientifiques

Message reçu par e-mail d'un internaute prétendant avoir travaillé pour la fusée Ariane :

«Si je puis me permettre un petit commentaire, dans l'espace il n'y a pas d'air. Donc il faut fournir :

1- du carburant

2- du comburant.

Ce qui pour le module lunaire aurait été trop lourd. Ils ont remédié à ce problème de surcharge en propulsant le module, après son décollage, grâce à du gaz «identique» à celui que l'on trouve dans n'importe quelle bombe aérosol (mousse à raser, chantilly...), ce qui explique que l'on ne voit rien.»

Ph. L. : Manque de chance, si l'on se réfère aux plans du Lem quelques pages auparavant, on constate que le moteur du module de retour est alimenté en carburant ET comburant. En fait, d'après la Nasa, c'est le même type de carburant qui sert pour l'aller et le retour. L'explication la plus plausible est que le mélange obtenu crée une flamme très peu visible ou difficilement captable par une caméra.

Ce que confirme Arnaud Delaunay sur la page :
http://perso.club-internet.fr/arnaudel/Payekhali/Dossiers/Contre-analyse-09.html

«*C'est du N2O4/UDMH. Le comburant (le peroxyde d'azote) et le combustible (le diméthylhydrazine asymétrique ou UDMH) sont des ergols hypergoliques, c'est-à-dire qu'ils s'enflamment spontanément au contact l'un de l'autre. Ils sont insensibles aux chocs. Cette combinaison est également d'une pureté extrême (98-99%) et ne produit donc pas de particule qui rendrait visible la traînée du moteur. Tout cela n'a rien de magique !*»

En ce qui concerne le suivi parfait du Lem par la caméra restée au sol, Marcello Coradini de l'ESA a donné une explication qui me laisse rêveur tant elle est en contradiction avec ce que j'ai pu entendre dans d'autres émissions sur la conquête spatiale.
Propos extrait de la vidéo de l'émission «Ça Alors» diffusée le 21/03/00 par RTL TVI belge.

M.C. : «C'est une chose très simple, la caméra est dans une situation très contrastée, la surface lunaire très claire et une source de chaleur et de luminosité comme le moteur du module lunaire, c'est très facile à suivre, il suffit d'une petite cellule photo électrique.»

Ph. L. : Dans les documentaires sur la conquête de la lune, j'avais entendu une autre version.
La caméra restée sur la jeep lunaire était pilotée depuis la terre par les techniciens de la Nasa, ce qui explique le coup de zoom arrière difficilement réalisable par une cellule photoélectrique.
J'explique que le problème vient du fait que la flamme est invisible, et l'on me répond qu'une source de chaleur et de luminosité comme celle du moteur du Lem est facile à suivre ! A croire que le moteur n'émettait que dans l'infrarouge !
D'autre part, la gerbe d'étincelles dans le vide, c'est-à-dire sans oxygène, est difficilement réalisable à moins que le produit expulsé contienne son propre comburant ou soit constitué de métal chauffé à blanc !

Autre explication reçue par e-mail
«S'il n'y a plus de flammes, c'est que le moteur est éteint ! Il a brûlé juste assez pour donner l'impulsion nécessaire permettant au Lem de se libérer de l'attraction lunaire.»

Ph. L. : Normalement, c'est justement au démarrage que la poussée doit être la plus forte et la plus soutenue. L'éteindre à ce moment-là serait le meilleur moyen de ne jamais revoir la terre.

Photo de famille

Photo NASA AS16 - 117 - 18841 (mission Apollo 16)

Description
Quoi de plus humain que de vouloir laisser une trace éternelle de son passage sur la Lune ?
L'astronaute rend ainsi hommage à sa femme et à ses enfants en déposant une photo de sa famille sur le sol lunaire.

Analyse critique
L'astronaute a pris soin d'emballer la photo de sa famille dans un sac plastique ; très bonne idée : on ne sait jamais, dès fois qu'il pleuve sur la Lune !

Si le sac plastique était hermétiquement fermé lors de la sortie du Lem, la pression atmosphérique interne aurait dû le faire éclater ou du moins le faire gonfler au contact du vide. Admettons que l'air intérieur s'est échappé lors de la dépressurisation ; alors pourquoi l'aspect du plastique est-il comme en sous-pression par rapport à l'extérieur ?

Et que dire d'un plastique de l'époque d'Apollo 16 posé sur une surface dont la température en plein soleil avoisine probablement les 130°, qui résiste correctement à la chaleur ? N'oublions pas que le régolite lunaire ne reflète que 8% de la lumière solaire, donc qu'il absorbe un maximum de rayons infrarouges.
A ce sujet, les astronautes ont quand même dû avoir chaud aux pieds...

Personnellement, si j'avais laissé une photo de ma famille sur la Lune, je l'aurais abritée du soleil en l'accrochant au piquet d'une expérience ou sur la jeep. Jeter une photo sur le sol semble étrange...

Eléments d'explication scientifique
L'astronaute a dû faire très vite pour prendre la photo, ce qui explique pourquoi le plastique n'a pas eu le temps de fondre.
Il suffit de refaire l'expérience pour en avoir le cœur net.
Matériel : une photo à laquelle vous ne tenez pas trop, un sac plastique du même genre que pour la conservation des aliments, une vieille poêle, un paquet de sable fin, un appareil photo de bonne qualité, une montre avec un chronomètre, une serpillière mouillée pour éteindre l'incendie si ça tourne mal...
Expérimentation :
Mettre la photo dans le sac plastique puis le sable dans la poêle et allumer le gaz pour que le sable monte en température. Déposer une petite casserole remplie d'eau sur le sable et couper le gaz quand l'eau arrive à ébullition.
Retirer la casserole et jeter la photo dans son sac plastique sur le sable chaud .
Prendre une photo de la poêle toutes les 10 secondes pendant deux minutes.
Vous venez de rendre un service inestimable à la science et vous connaissez maintenant exactement le temps qu'a mis l'astronaute d'Apollo 16 pour prendre sa photo.

Ombres de longueurs différentes

Photographie NASA
Référence non retrouvée (mission Apollo 11)

Description
Armstrong et Aldrin plantent le drapeau américain sur le sol de la lune.

Analyse Critique
L'ombre de l'astronaute qui tient le mât du drapeau est nettement plus courte que celle de celui qui tient le bout du drapeau.
Etant donné qu'il s'agit d'une photographie sur pellicule prise par un Hasselblad 6x6 et non par une caméra du Lem, qui a pris la photographie ?
Voici une autre photographie prise du même endroit.

Photographie NASA AS11-37-5545 (mission Apollo 11)

Le cliché ne laisse aucun doute sur le format 6x6 de l'appareil photographique employé.

Il est difficile de concevoir que les scientifiques de la Nasa ont prévu une télécommande à distance pilotée de la terre spécialement pour saisir ce moment !

L'utilisation d'un retardateur ne semble pas possible non plus, car la hauteur de la prise de vue l'interdit.

Comment peut aussi s'effectuer la mise au point, puisque ce n'est pas une caméra de télévision pilotée à distance ?

Compte tenu de l'emploi du temps chargé des astronautes, on a du mal à imaginer une telle préparation pour une photographie !

Le drapeau semble être une préoccupation majeure des astronautes sur la lune. Peut-on imaginer des scientifiques passant leur temps à planter et à saluer un drapeau ? Faut-il en déduire que le but de ces missions était plutôt d'ordre militaire et politique ?

Eléments de réponse scientifiques

Le fait que le sol lunaire remonte derrière l'astronaute qui tient le mât du drapeau pourrait expliquer le raccourcissement de son ombre. La photographie étant prise par le dessus, elle écrase obligatoirement le relief du terrain. Une retouche manuelle est possible, mais on n'en voit pas l'intérêt ! De toute façon, ce que le soleil ne peut pas faire, un projecteur n'y parvient pas non plus !

Pour le déclenchement, l'appareil a pu être positionné à l'avance dans le Lem et il suffit d'un émetteur radio pour le déclencher à distance sur ordre d'un des astronautes.

Ph. L.: Cela fait cher la photographie !

Incohérence dans les ombres

Photo NASA AS17-140-21388 (mission Apollo 17)

Description
Astronaute debout à proximité de la jeep lunaire.
Photo probablement prise à proximité du Lem du fait de la présence du drapeau américain.
Fond montagneux.

Analyse Critique
Les collines qui sont en arrière-plan devraient avoir une ombre portée compte tenu de l'éclairage rasant éclairant l'astronaute. On remarque encore comme une ligne de séparation qui passe sous le drapeau et sous l'antenne du véhicule lunaire. L'ombre du véhicule semble proportionnellement beaucoup plus courte que celle de l'astronaute, et

celle du drapeau semble s'écarter de celle de l'astronaute. Le sol au premier plan est nettement plus foncé que celui au second plan ou des collines, et même où les astronautes n'ont pas marché.

Je suis aussi étonné de constater que des petites croix de cadrage comme celle que l'on voit dans le viseur de certains appareils photo apparaissent sur les photos des astronautes. Normalement, sur ce genre de reflex, les lignes de mire sont sur le verre de visée et ne s'impriment pas sur la photo. En admettant que les croix soient dans l'objectif, à quoi cela peut-il servir d'imprimer des croix sur le négatif ?

En topographie, de telles croix pourraient permettre de mieux évaluer les distances mais compte tenu de la nature des photos rapportées, on est loin d'un travail de topographie lunaire.

Eléments de réponse scientifiques

Revenons à l'émission de télévision «Nul part ailleurs» du 22/02/2000 sur Canal + et à la contre-enquête réalisée par André Brahic commentant cette photo. Voici ses propos d'après la bande sonore de l'émission :

A.B. : «On voit très bien que les pentes, ici, de la montagne sont suffisamment douces et que le soleil est suffisamment haut pour qu'il n'y ait pas d'ombres. Il faudrait qu'il soit suffisamment bas pour qu'il produise une ombre.

Et ce qui nous manque dans la photo en question, c'est un espace à trois dimensions qui a été projeté sur un plan en deux dimensions, pour faire les choses sérieusement, on reprend le paysage, la topographie, on a la position du soleil, on fait la géométrie et on verra bien qu'il n'y a rien d'extraordinaire là-dedans.

Ce qui serait étonnant, c'est si on voyait une ombre de la montagne comme ça et une autre comme ça (il montre

deux ombres perpendiculaires avec ses mains).
Et je dirais même, si l'on croyait que la photo est prise en studio, ils auraient été un peu naïfs pour faire une erreur aussi grave, ils auraient travaillé un petit peu mieux. Cela montre bien que la photo est réelle, il n'y a pas de problème.»

Ph. L. : Justement, cela tombe bien, car l'ombre du drapeau semble perpendiculaire à celle de l'astronaute !
En fait, la présence d'une dépression peut augmenter la taille de l'ombre de l'astronaute.
L'ombre perpendiculaire du drapeau peut être une illusion due à la présence d'un cratère.
Et si l'ombre de l'astronaute est allongée par une dépression du sol, le soleil est assez haut dans le ciel pour ne pas provoquer d'ombres sur les versants des montagnes.
Ce qui prouve que certaines anomalies concernant les ombres peuvent s'expliquer rationnellement et qu'il ne faut pas crier trop vite au scandale.
En fait, à part les contre-jours bien débouchés, il n'y a pas grand chose à dire sur les autres ombres. Contester les ombres est donc une mauvaise stratégie pour s'attaquer aux photos de la lune.
Quelle preuve irréfutable les astronautes auraient-ils pu donner de leur présence réelle sur la lune ?
J'aurais voulu les voir lancer un boomerang, courir avec une éolienne miniature ou un cerf-volant, ouvrir un récipient contenant de l'eau et filmer sa réaction au contact du vide, lancer de la poussière lunaire le plus loin possible avec une pelle... En résumé, faire quelque chose qui ne peut être réalisé que dans le vide et sous pesanteur réduite !
Il y a bien eu l'expérience de la plume et du marteau lâchés en même temps mais c'est trop facilement falsifiable et cela amène aussi d'autres questions du genre :

Comment la plume résiste-t-elle au changement de pression et aux conditions climatiques lunaires (+130°C au soleil, -150°C à l'ombre) ?
Certains se contentent de voir un ciel noir et disent : «un tel ciel ne peut être obtenu que sur la lune !»
Pourtant, il est facile de repeindre le ciel directement sur le négatif. On prend la photo sur terre avec un décor sous un beau ciel bleu et ensuite on repeint le ciel en noir sur le négatif. Il n'y a rien de plus aisé à réaliser puisque le relief lunaire est facile à suivre au pinceau.
Il serait aussi intéressant de faire analyser les négatifs originaux par un laboratoire indépendant, histoire de vérifier s'il y a eu ou non retouche. Au début de ce livre, j'ai parlé de «bracketing» d'exposition, technique qui consiste à prendre plusieurs photographies d'une même scène exposées différemment. Cette notion est très importante ici, car si chaque original publié ne comporte pas d'autres photographies identiques sur ou sous-exposées, nous pouvons être sûrs que nous sommes en présence de faux ! Il est impossible que la technique du «bracketing» n'ait pas été utilisée sur la lune, vu qu'ils n'avaient pas le droit à l'erreur.

Détail d'un pied du Lem

Photographie NASA AS11-40-5917 (mission Apollo 11)

Description
Détail d'un des pieds du Lem posé sur le sol lunaire.

Analyse Critique
Petit rappel des conditions d'alunissage.
Nous sommes lors de la mission Apollo 11, un Lem va se poser pour la première fois sur le sol lunaire. D'après le film de l'époque, le pilote a dû survoler légèrement la lune à l'horizontal pour éviter un champ de cratères et il arrive presque en fin de carburant quand il s'apprête à se poser. Les voyants rouges de l'ordinateur de bord clignotent car celui-ci est complètement dépassé par le nombre de données à prendre en compte pour l'alunissage. Le pilote passe en pilotage manuel pour y remédier.
A l'approche du sol, le réacteur soulève tellement de pous-

sière que le pilote du Lem déclare ne plus voir le sol lunaire. On imagine mal comment dans ces conditions, compte tenu du pilotage manuel du Lem, de son poids et de la topographie du terrain, les quatre pieds du Lem pouvaient toucher le sol lunaire exactement en même temps et en douceur.
Il est très probable qu'un pied ait touché le sol avant les trois autres et que sous le poids du Lem, les patins aient légèrement ripé sur la poussière lunaire. Il est même vraisemblable que les pieds du Lem ont dû légèrement s'écarter après le choc puis revenir à leur position initiale.
Regardons maintenant la photographie du pied d'Apollo 11. Il ne s'est pas du tout enfoncé dans la poussière lunaire. Seule la barre qui est sous le patin l'est, comme si elle était tombée dans de la boue argileuse. Aucune trace de dérapage latéral ou horizontal n'est visible.
On remarque des traces de pas à proximité de la barre ainsi qu'un triangle dessiné sur le sol devant le patin.
Je me pose donc les questions suivantes :
Pourquoi le pied n'a-t-il pas laissé de trace de glissade quand le Lem est entré en contact avec le sol lunaire ? Les pieds étant articulés, il est impossible qu'un léger dérapage ne se soit pas produit lors du contact avec le sol.
La tranchée qui part du pied du Lem correspond à la trace laissée par la barre d'ancrage du pied. Là aussi, pas de dérapage et la boursouflure visible le long de cette tranchée a une apparence argileuse.
Même avec une empreinte de pas à proximité, le sol lunaire est resté en forme sans s'effondrer dans la tranchée.
Certains penseront qu'il est normal que le pied du Lem ne s'enfonce pas car le réacteur a chassé la poussière !
Oui mais alors :
Pourquoi la barre s'est-elle enfoncée aussi profondément ?
Pourquoi voit-on des empreintes de pas bien profondes

juste à côté ?
Pourquoi voit-on une sorte de triangle gravé juste devant le pied du Lem ? S'il est dû à de fines crevasses du sol lunaire, pourquoi est-il encore visible après le souffle du réacteur ?
A noter que sur terre, ce genre de fissuration du sol ne se forme que par évaporation de l'eau, ce qui ne peut être le cas ici !
Et que penser de la poussière soulevée par le réacteur du Lem lors de l'alunissage et qui n'est pas venue ternir l'éclat de la feuille d'or qui entoure le patin ? Les astronautes l'auraient-ils nettoyé avant de prendre le cliché ?
Pour en avoir le cœur net, j'ai cherché une photographie où l'on voit l'arrière de ce même pied.

Photographie NASA AS11-40-5920 (mission Apollo 11)

Toujours pas de trace de ripage et, chose surprenante, le sol est totalement vierge d'empreintes de pas de ce côté.
La première chose que j'aurais faite, si je m'étais posé sur la lune, aurait été d'aller inspecter chaque pied du Lem en

tournant autour. Ici, les expériences semblent avoir été faites avant ! Ce qui est aussi très étonnant, c'est que le sol semble de texture différente de chaque côté du pied.
Voici une photographie montrant un autre pied du LEM d'Apollo 11.

Photographie NASA AS11-40-5925 (mission Apollo 11)

Le patin le plus éloigné est celui de la photographie précédente. Toujours pas de ripage (léger glissement à l'alunissage). On constate que de ce côté, le sol lunaire est dur comme de la pierre. La barre d'ancrage s'est soulevée et n'a laissé qu'une faible empreinte sur le sol.

C'est en totale contradiction avec la photographie précédente mis à part le fait que là aussi, il n'y a aucune trace de poussière sur la feuille d'or !
Sur cette photographie, la barre d'ancrage du patin est cabossée, comme si elle avait subi un martelage ! Pourquoi ? mystère !

Eléments de réponse scientifiques

Réponse d'Arnaud Delaunay sur la page http://perso.club-internet.fr/arnaudel/Payekhali/Dossiers/Contre-analyse-11.html

«Il faudrait d'abord que la poussière ait été SOULEVÉE. Ce qui n'est absolument pas le cas. On est dans le vide. Le moteur de descente du Lem a chassé la première couche de poussière à l'horizontale comme on le voit bien sur les films des alunissages. Ensuite, le moteur a été coupé dès que les sondes de contact de surface ont touché le sol lunaire, le Lem étant à quelques dizaines de centimètres de la surface. Le patin a donc touché le sol alors qu'il n'y avait plus aucune poussière en mouvement.»

La Nasa dit que le triangle a été provoqué par un câble ou par la sonde de contact devant couper le moteur du Lem.
Cela dit :
- un sol lunaire si différent d'un patin à l'autre du Lem,
- aucune trace de dérapage des pieds lors de l'alunissage,
- aucune trace du souffle du réacteur,
- un triangle fait de fines crevasses qui apparaît après le souffle du réacteur.

Cela représente tout de même beaucoup de questions sans réponse !

Projecteurs

Photographie NASA AS11-40-5872 (Mission Apollo 11)

Description
Edwin Aldrin installant une expérience sur le vent solaire. La scène est éclairée de côté.

Analyse Critique
Ah ! enfin une belle erreur de cadrage faisant apparaître les sources de lumière à l'origine des ombres rasantes. Quelqu'un a-t-il une autre idée pour justifier ces deux sources lumineuses dans le ciel lunaire ? Ce ne sont tout de même pas des ovni !
Des reflets du soleil dans l'objectif...? Vous remarquerez la position de l'ombre portée qui indique que la source d'éclairage se trouve bien en face légèrement à droite de l'astronaute.

Depuis quand le soleil éclaire-t-il la lune comme un spot ?
Les empreintes de pas visibles sur le sol lunaire attestent que l'astronaute qui a pris la photographie s'est déplacé en marchant comme un crabe, un peu comme s'il voulait toujours faire face à la source lumineuse. Quelle étrange manière de se déplacer !
A propos des conditions d'éclairage du sol lunaire, regardez cette photographie qui montre une bande très ensoleillée :

Photographie NASA AS16-112-18234 (mission Apollo 16)

Je ne savais pas qu'il y avait des nuages sur la lune ! Pourquoi le soleil n'éclaire-t-il pas uniformément le sol lunaire ?

Eléments de réponse scientifiques
Reflets du soleil dans l'objectif et altération de la pellicule.
Soleil rasant passant entre des montagnes.

Un même arrière-plan pour deux photographies de la mission Apollo 15

Regardez bien la forme des montagnes servant de fond aux deux photos suivantes, ce sont les mêmes. Il s'agit de deux photos de la mission Apollo 15, numéros AS15-82-11057 et AS15-82-11082.

Photo NASA AS15-82-11057 (mission Apollo 15)
Photographie du Lem sur fond montagneux

Fichier 10075727.JPG NASA Photo ID: AS15-82-11057
File Name: 10075727.jpg
Film Type : 70mm BW Date Taken: 07/31/71
Title : Lunar Module photographed against lunarscape during Apollo 15 EVA
Description : The Lunar Module (LM) «Falcon» is photographed against the barren lunarscape during the Apollo 15 lunar surface extravehicular activity (EVA) at the Hadley-Apennine landing site. This view is looking southeast.

The Apennine Front is in the left background; and Hadley Delta is in the right background. The object next to the flag is the Solar Wind Composition experiment. Last Crater is to the right of the LM. Note bootprints and tracks of the Lunar Roving Vehicle. The light spherical object at the top is a reflection in the lens of the camera.
Subject terms : Apollo 15 Flight, Apollo Project Craters
Extravehicular Activity
Footprints
Lunar Module
Lunar Surface
Lunar Topography
Spaceborne Experiments

Photo NASA AS15-82-11082 (mission Apollo 15)
Cratère récent sur fond montagneux

Fichier 10075728.JPG NASA Photo ID : AS15-82-11082
File Name: 10075728.jpg
Film Type : 70mm Date Taken: 07/31/71

Title : View of portion of «relatively fresh» crater as photographed by Apollo 15
Description : A close-up view of a portion of a rock-strewn «relatively fresh» crater, looking southeast, as photographed during the Apollo 15 lunar surface extravehicular activity at the Hadley-Apennine landing site. The Apennine Front is in the left background, and Hadley Delta is in the right background.
Subject terms :
Apollo 15 Flight
Apollo Project
Craters
Extravehicular Activity
Lunar Surface
Lunar Topography

Description
Photographie d'un cratère récent. Le sol du cratère est beaucoup plus foncé que le sol extérieur. Le cratère est de grande dimension puisque l'astronaute est descendu à l'intérieur.

Analyse Critique
Le même fond pour deux photos différentes prise lors de la même mission. On croit rêver !
Où est donc passé le Lem sur la deuxième photo ?
Il est devant le cratère, certes mais alors pourquoi ne voit-on pas le cratère sur la photo du Lem ? Surtout un cratère de cette taille et de cette teinte. J'ai réalisé un montage entre les deux photos, en superposant les deux montagnes et le résultat parle de lui-même.

Montage comparatif entre les photos
AS15-82-11057 et AS15-82-11082

Les montagnes se raccordent parfaitement, mais pas les premiers plans.
Une animation Flash 4 de ces deux photographies est disponible sur le site :
http://www.hypnoide.com/moon/
Vous pouvez aussi regarder le panoramique réalisé par la Nasa (photographie S71-43943) disponible sur le site de la mission Apollo 15, où l'on ne trouve trace nulle part du cratère récent visible sur la photo ci-dessus.

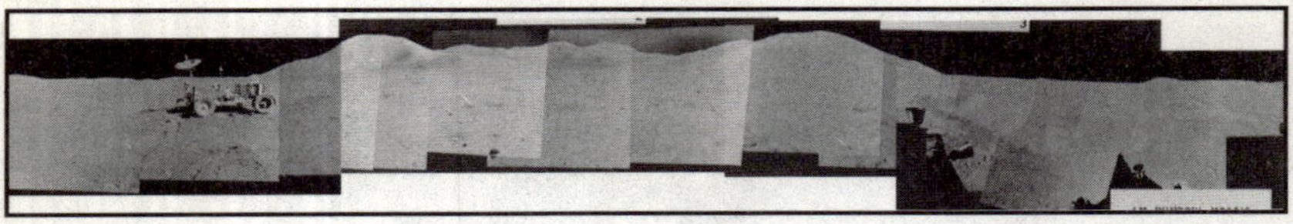

Photo NASA S71-43493 (mission Apollo 15)
Montage panoramique NASA

Ce panoramique couvre 360°, mais le cratère n'apparaît toujours pas. Et si l'on rajoute la photo AS15-88-11863 ci-dessous :

Photo NASA AS15-88-11863 (mission Apollo 15)
David Scott saluant le drapeau américain

Fichier 10075741.JPG
NASA Photo ID: AS15-88-11863 File Name: 10075741.jpg
Film Type : 70mm Date Taken: 08/01/71
Title : Astronaut David Scott gives salute beside U.S. flag during EVA
Description : Astronaut David R. Scott, commander, gives a military salute while standing beside the deployed U.S. flag during the Apollo 15 lunar surface extravehicular activity (EVA) at the Hadley-Apennine landing site. The flag was deployed toward the end of EVA-2. The Lunar Module «Falcon» is partially visible on the right. Hadley Delta in the background rises approximately 4,000 meters (about 13,124 feet) above the plain. The base of the mountain is approximately 5 kilometers (about 3 statute miles) away. This photograph was taken by Astronaut James B. Irwin, Lunar Module pilot.
Subject terms :
Activity
Apollo 15 Flight
Apollo Project
Astronauts Ceremonies
Flags
Lunar Landing Sites
Lunar Module
Lunar Surface

On obtient un résultat étonnant, où les arrière-plans se recoupent parfaitement, mais les premiers plans sont en totale contradiction les uns avec les autres.

Assemblage des trois photographies

Le coup de grâce vient de la vue aérienne du site d'alunissage de la mission Apollo 15.

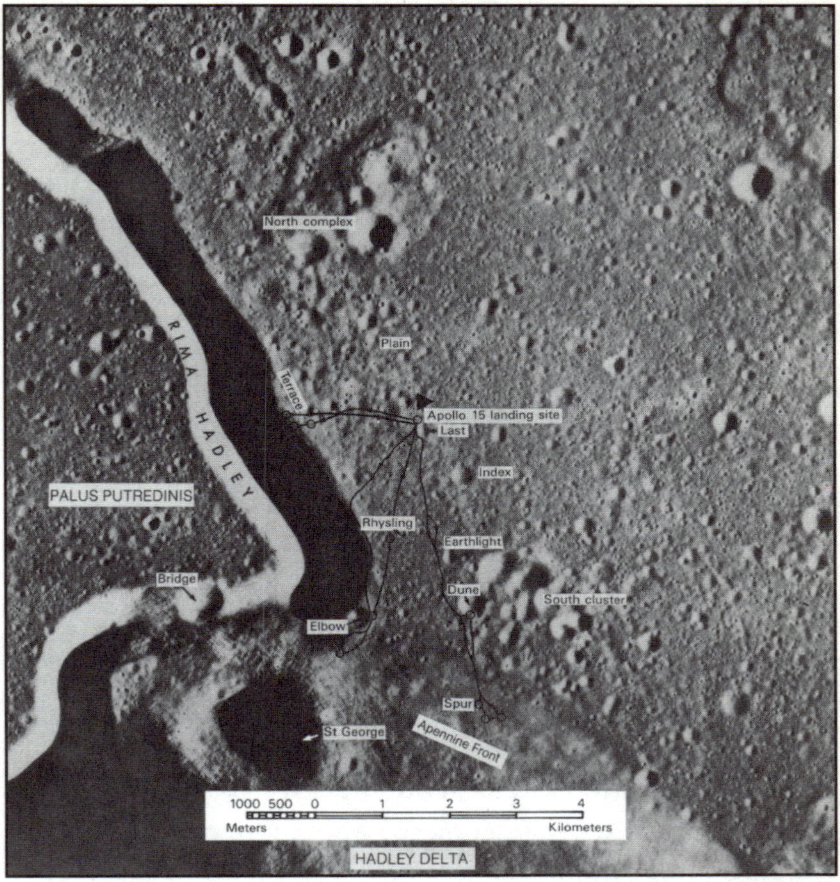

Photographie NASA montrant la position
du site d'alunissage d'Apollo 15

La comparaison de la vue aérienne avec le panoramique à 360° laisse rêveur, car rien ne correspond. Etant donné que les montagnes sont à environ 5 km du Lem, où est la ligne d'horizon sur les photographies précédentes ?
Comment et pourquoi des photos officiellement transmises à la presse par la Nasa peuvent-elles comporter de telles aberrations ?

Eléments de réponse scientifiques

Réponse d'un internaute par e-mail :

«J'ai passé toute une journée sur ton site et sur celui de la Nasa. Au début, j'avais des doutes tellement ton argumentation était pertinente. Cependant, je n'arrive pas aux mêmes conclusions que toi.

L'énoncé le plus convaincant de ton site est l'étude de deux photos, AS15-82-11057 et AS15-82-11082, prétendant que le même décor a été utilisé pour deux sujets différents. J'ai trouvé ces photos sur le site de la Nasa et le texte qui les accompagne indique que les montagnes que l'on y voit sont les MÊMES !! Alors comment expliquer que les premiers plans changent?

C'est simple, mais il faut connaître la photographie. Je pratique ce passe-temps depuis plus de 15 ans.

Les premiers plans changent parce que la focale de l'objectif change. L'angle de vision d'une photo dépend de la puissance de la lentille, un grand angle va couvrir plus de terrain qu'un téléobjectif. Pour la photo où l'on voit le Lem, le photographe a utilisé un téléobjectif et était placé loin derrière le Lem. Pour ce qui est de l'autre photo, elle a été prise à côté du Lem avec un grand angle, c'est pour cela que l'on voit le sol retourné et que les montagnes sont les mêmes. J'ai fais un croquis pour mieux visualiser ce phénomène.» (Sylvain Dionne)

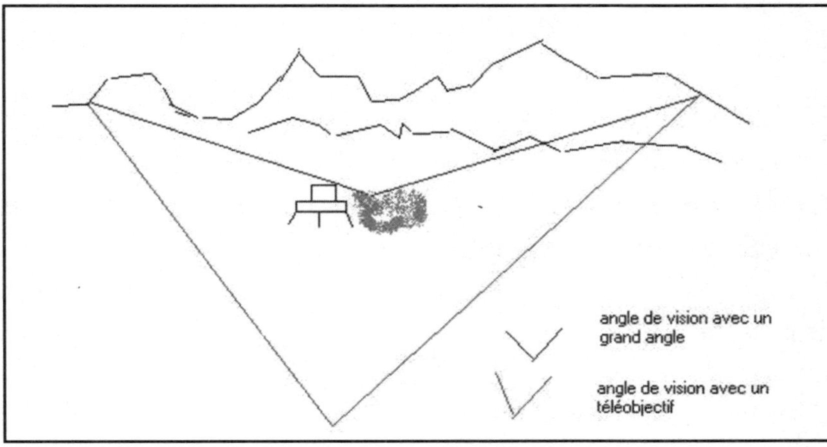

Ph. L. : Il y a bien un cratère sur la droite du Lem, mais sa teinte ne correspond pas du tout à celle de la photo AS15-82-11082 (voir panoramique Nasa).

Il faut savoir qu'une photo prise avec un objectif grand angle a peu de chance de se superposer correctement avec celle prise par un téléobjectif. Le grand angle ayant tendance à rapetisser les sujets en arrière-plan.

D'autre part, le panoramique réalisé par l'appareil situé sur le Lem montre le même recoupement des photographies.

La plus belle tentative d'explication bilingue (anglais-français) se trouve sur la page :

http://perso.club-internet.fr/valleed/nasa/nasa.html

Le titre de la page s'appelle «Les photos de la controverse».

Un très beau travail, mais qui part du principe que le cratère de teinte claire visible sur la photographie du Lem est celui de l'autre photographie.

Le mystère reste donc entier.

Echantillons et réflecteurs

L'argument le plus répandu pour démontrer que les Américains ont bien posé le pied sur la lune, est qu'ils ont rapporté des échantillons et déposé des réflecteurs Laser.
Quand les simples photographies ne suffisent plus, il faut faire appel au concret. Voyons donc si ce concret résiste mieux que les photographies à une analyse critique.
Pour les échantillons rapportés :
- Première déception :
D'après les livres et les articles, il s'agit de basalte de même composition isotopique que la terre. Certains éléments comme le fer, le titane ou le magnésium y sont évidemment en concentration différente, mais rien qui ne puisse être fabriqué préalablement en laboratoire à partir de roches terrestres.
Pourquoi n'a-t-on pas trouvé ne serait-ce qu'un élément qui n'existe pas sur terre ? Un métal nouveau qui aurait pu faire office de preuve ?
Vu le nombre de météorites arrivées sur le sol lunaire, il semble plus qu'étonnant que les astronautes n'en aient pas rapporté des morceaux contenant des éléments intéressants. Cela dit, on trouve aussi des débris de météorites sur terre.
- Deuxième déception :
Pourquoi les Russes n'ont-ils pas eu le droit d'analyser ces échantillons ? S'ils l'ont pu, pourquoi sont-ils retournés en chercher en 1976 ?
L'analyse des Russes est-elle compatible avec celle des Américains ?
Là aussi il est aisé d'imaginer que si les Américains avaient trouvé quelque chose de vraiment intéressant sur la lune, ils ne se seraient pas empressés de le divulguer aux autres pays.

Rappelez-vous la ruée vers l'or !
L'envoi en 1999 de la sonde américaine Lunar Prospector destinée aux recherches minières prouve bien que les Américains s'intéressent de près à la nature du sol lunaire. On ne dépense pas des millions de dollars pour du basalte. Il y a probablement quelque chose de plus intéressant là-haut !

Pour les réflecteurs Laser
Le principe : un rayon Laser émis par une station terrestre doit se réfléchir sur un miroir posé sur la lune et revenir vers un capteur terrestre. Connaissant la vitesse de la lumière, on en déduit avec précision la distance terre-lune.
Grâce à ces miroirs, les scientifiques ont pu calculer que la lune s'éloigne (*) de la terre à raison de 3 à 4 cm par an.
Les rationalistes s'empresseront de dire : «Si des rayons Laser émis de la terre ont bien été réfléchis, c'est que des miroirs ont bien été déposés sur la lune par les astronautes américains.
Pas si sûr, car il existe une autre possibilité. Un robot automatique aurait très bien pu les déposer au sol sans présence humaine. Imaginons par exemple un engin ressemblant à la partie basse du Lem recouverte d'un miroir. Le pilotage pouvait se faire de la capsule restée en orbite. Il suffisait que des caméras retransmettent ce que voyait le module de descente.

(*) remarque hors sujet : Cette mesure ne serait-elle pas plutôt due à la dérive des continents ? Le fait que le sol où est situé le Laser glisse légèrement sur la surface terrestre, peut donner l'illusion que la lune s'éloigne ?

Cela dit, mon but n'est pas de démontrer que les Américains n'ont pas posé le pied sur la lune, mais que les photographies transmises à la presse sont une forme de désinformation destinée à protéger leurs découvertes.
Sur le site Station de télémétrie Laser-Lune :
http://wwwrc.obs-azur.fr/cerga/laser/laslune/llr.htm
on peut lire dans la rubrique «Réponses à quelques questions» :
«Les 2 réflecteurs français déposés par les sondes automatiques «soviétiques» se composent de 14 coins de cube d'environ 106 mm de côté ; les réflecteurs américains Apollo XI et XV se composent d'une centaine de coins de cube mais un peu plus petits (38,2 mm), et le réflecteur Apollo XV comprend environ 400 coins de cube et est plus grand.»

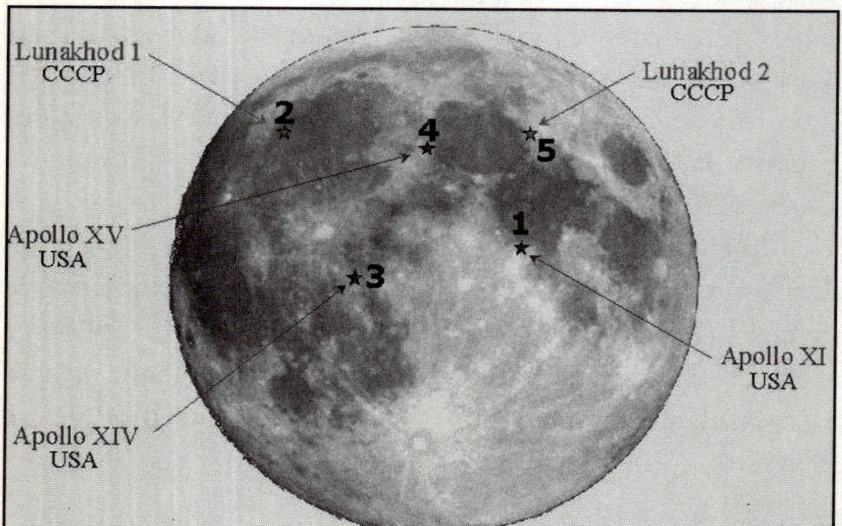

Position des réflecteurs Laser
par ordre de dépôt sur la lune.

Pourquoi un cinquième réflecteur déposé après celui de la mission Apollo 15 ?
Les réflecteurs américains étaient-ils inexploitables ? Je ne

pense pas, vu qu'un miroir se moque complètement de la nationalité du rayon Laser qu'il réfléchit.
Alors pourquoi faire des missions parallèles coûteuses pour obtenir le même résultat que les Américains ?
Cela prouve de toute façon que le fait de déposer un miroir sur la lune peut s'effectuer sans présence humaine, puisque les Russes l'ont fait en 1970 directement de la terre.

Les différentes conclusions possibles

Ce qu'il y a d'étonnant dans cette analyse critique des photographies de la Nasa, c'est que bon nombre de lecteurs seront tous d'accord sur un point : il existe des anomalies sur les photographies transmises à la presse.

Que l'homme de la rue, plus préoccupé par le spectacle et l'aspect artistique des photographies ne se soit pas posé de questions, on le comprend aisément. Par contre, du côté des scientifiques notamment, on a du mal à comprendre pourquoi certaines questions n'ont pas été posées. Ont-ils eu peur du ridicule ? Les politiciens les ont-ils muselés ? Etaient-ils eux aussi hypnotisés par la grandeur de l'événement ?

Et les Russes ? Pourquoi n'ont-ils pas contesté les photographies ?

Plus de trente ans après les faits, il m'a semblé intéressant de réaliser un sondage anonyme reflétant l'opinion des lecteurs de ce livre en fonction de leur nationalité. Il a été mis en place sur Internet à l'adresse suivante :

http://lheureux.free.fr/sondage.html

Vous êtes donc invités à donner votre avis après lecture de ce livre. A vous de choisir et de voter pour la conclusion qui vous semble la plus réaliste. Votez d'abord (pour éviter de vous faire influencer) et regardez ensuite les résultats du sondage afin de voir si votre avis diffère de celui des autres lecteurs ou s'inscrit dans la moyenne.

Nota : Afin d'éviter les abus qui dénatureraient le sondage, vous n'avez le droit qu'à un seul vote par adresse IP d'ordinateur.

Présentons maintenant les différentes hypothèses, dans un ordre paranoïaque croissant :

Hypothèse N°1 : les photographies sont réelles
La Nasa a sans aucun doute possible envoyé des hommes sur la lune.
Les photographies diffusées sont bien les photographies réelles de cet événement, et n'ont pas été retouchées.
Les pseudo-anomalies n'existent que dans la tête de gens incapables de s'adapter au progrès ou possédant des capacités intellectuelles en dessous de la moyenne.
Le but de la Nasa était de faire progresser la science, c'est pour cette raison que des photographies et des échantillons du sol lunaire ont été diffusées dans le monde entier.
Les missions ont ensuite été abandonnées car elles coûtaient trop cher.
Toute contestation n'est que du révisionnisme ou de la désinformation.

Hypothèse N°2 : retouches «publicitaires» et artistiques
Les photographies diffusées sont bien les photographies réelles de cet événement, mais certaines ont été retouchées dans un but publicitaire (il fallait voir les panneaux USA, NASA, etc.), recadrées ou colorisées dans un but purement artistique. Rien qui ne remette vraiment en cause cet événement merveilleux.
Les anomalies visibles sont uniquement dues au fait que le cerveau est dupé par des lois physiques différentes de celles connues sur terre (éclairage, vide, pesanteur, ligne d'horizon plus proche).

Hypothèse N° 3 : photographies ratées lors de la première mission et refaites en studio
Compte tenu des conditions climatiques lunaires exposées ci-dessus, les astronautes d'Apollo 11 ont loupé tout ou partie de leurs photographies concernant leur mission sur le sol lunaire. Pour y remédier, du fait de l'enjeu politique, les responsables de la Nasa ont pris la décision de publier des photographies prises lors de l'entraînement.
Par la suite, pour ne pas que la supercherie de la première mission soit démasquée, ils ont fait la même chose avec les photographies des autres missions. Les photographies réelles des autres missions n'ont pas été publiées pour cette raison.

Hypothèse N° 4 : photographies ratées pour la totalité des missions
Compte tenu des conditions climatiques lunaires trop dures, il est impossible d'y photographier correctement. Pour y remédier, les responsables de la Nasa ont publié des photographies prises lors de l'entraînement et ceci pour la totalité des missions. Cela explique certaines erreurs visibles sur les photographies.

Hypothèse N° 5 : ils ont volontairement gardé les photographies réelles pour eux
Les missions Apollo étaient des missions militaires habilement camouflées en missions scientifiques. Pour des raisons de protection des découvertes ayant une application militaire possible (installation de bases de missiles nucléaires sur la lune), ils ont conservé les vraies photographies et publié des photographies expurgées de tout contenu scientifiquement ou militairement exploitable.
Les Américains ne sont pas des philanthropes, ils n'ont pas

dépensé des millions de dollars pour transmettre gratuitement les vraies photographies à l'humanité entière ! Les photographies transmises sont probablement une désinformation destinée à protéger leurs découvertes scientifiques et contenter le contribuable américain. En publiant des photographies truquées, ils faisaient d'une pierre deux coups.

Hypothèse N° 6 : ils ne pouvaient pas révéler au monde ce qu'ils avaient vu là-haut
«Le père Noël existe !» tout le monde se souvient de cette phrase de Frank Bormann (mission Apollo 8) prononcée lors du rétablissement radio qui a suivi la sortie de la face cachée de la lune.
Les missions Apollo étaient des missions militaires destinées à vérifier ce que les astronomes et les ufologues pressentaient depuis un bon moment du fait de leurs observations. A savoir :
La lune est colonisée par des extraterrestres et bon nombre de ses cratères sont liés à une exploitation minière.
Le but réel des missions était de collecter des informations sur les bases ovnis aperçues depuis la terre et non de se poser sur la lune. Comme cela nécessitait des fonds, il a été réalisé des photographies en studio d'après des photographies réelles prises de la lune. Celles-ci n'ont aucun intérêt scientifique mais sont là pour contenter le contribuable et rassurer les populations civiles.
C'est pour cette raison que les Russes n'ont pas contesté les photographies ! Ils savent eux aussi qu'il existe des bases E.T. sur la lune et collaborent avec les Américains.
Toute conquête de la lune a été abandonnée car elle est déjà occupée. Se poser dessus risquerait de déclencher des hostilités de la part des E.T.

La sonde militaire de cartographie lunaire «Clementine» lancée en 1994 et le satellite «Lunar Prospector» plus récemment montrent que les Américains essayent de comprendre pourquoi la lune intéresse les E.T.
Le rapport Cometa sorti en France au mois de Juillet 1999, officialise l'existence des ovni dans le ciel de France et démontre que les hommes politiques des autres pays savent et commencent à préparer lentement l'opinion publique.
(Lire la deuxième partie de ce livre avant de voter.)

Hypothèse N° 7 : ils ne se sont pas posés sur la lune
La Nasa n'a envoyé aucun homme sur la lune. Ils ont juste tourné autour.
Toutes les photographies ont été réalisées dans une base secrète située dans les montagnes volcaniques de l'Arizona où une partie de la lune avait été reconstituée pour l'occasion. Il suffisait ensuite de retoucher le ciel bleu en ciel noir pour donner l'illusion de photographies prises sur la lune.
Tout n'était que propagande politique et savante mise en scène destinée à drainer des fonds pour l'armement et à gagner la guerre psychologique vis-à-vis des Russes.
Toutes les pierres ont été rapportées par des sondes automatiques.
A l'heure actuelle, aucun pays ne pourrait y retourner, même pas les Américains.

Hypothèse N° 8 : tout était truqué
La Nasa n'a envoyé aucun homme sur la lune. Il n'y avait personne à bord des fusées qui se perdaient dans l'espace.
Pour le retour, la capsule était larguée d'un avion volant à haute altitude. L'illusion était parfaite.
Toutes les photographies ont été réalisées dans une base secrète située dans les montagnes volcaniques de l'Arizona

où une partie de la lune avait été reconstituée pour l'occasion. Il suffisait ensuite de retoucher le ciel bleu en ciel noir pour donner l'illusion de photographies prises sur la lune.
Toutes les pierres ont été réalisées en laboratoire à partir de roches terrestres.
Tout n'était que propagande politique et savante mise en scène destinée à drainer des fonds pour l'armement et à gagner la guerre psychologique vis-à-vis des Russes.
A l'heure actuelle, aucun pays ne pourrait y retourner, même pas les Américains.

Hypothèse N° 9 : autre
La vérité est ailleurs, comme dirait Fox Mulder !

Nota : Le fait que l'hypothèse N° 6 soit détaillée dans la troisième partie de ce livre n'est pas une incitation à voter pour cette conclusion.

André Brahic m'avait demandé de ne pas conclure trop vite. C'est chose faite ! Avec neuf conclusions possibles, vous vous demandez probablement celle qui me plaît le plus ?
Hé bien… la deux, la cinq, la six et la sept.
La numéro deux parce que l'erreur est humaine et aussi parce que plusieurs de mes remarques ont finalement trouvées une explication rationnelle. En fait, il est beaucoup plus facile de poser des questions que de trouver des réponses. N'importe qui peut demander quelle est la distance Terre-Jupiter mais peu de gens seront vraiment capable de la calculer. Et surtout, ne pas connaître la réponse ne remet pas pour autant le fait qu'une distance existe entre la Terre et Jupiter. Il en va probablement de même pour la conquête de la lune, du moins j'espère !

La numéro cinq parce qu'elle correspond bien à la mentalité paranoïaque des militaires. Certains s'empresseront sûrement d'ajouter avec un brin d'humour que côté paranoïa, je n'ai rien à leur envier.

La numéro six pour le droit au rêve ! A quoi servirait la lune s'il n'y avait pas au moins une base extraterrestre dessus ? C'est ce que nous allons voir au Chapitre 3. Ceux qui pensent que j'ai brisé leur rêve en dénigrant les missions Apollo vont avoir l'occasion de rêver à nouveau, promis !

La numéro sept pour le droit au doute ! Et si dans toutes mes remarques j'avais vraiment trouvé un argument qui remette en cause la réalité des missions ? Le pied du Lem montrant l'absence de souffle du réacteur, la combinaison qui ne gonfle pas, la profondeur des empreintes de pas au sol, les ombres ou les fonds qui ne «collent» pas, l'ouverture de l'objectif de l'appareil photographique non compatible avec la saisie des basses lumières, l'absence de braketing, le Lem qui décolle sans flammes, l'absence de sas de décompression, etc.

Aïe, Aïe, Aïe... ça me reprend ; c'est grave docteur ?

Liens sur le même sujet

Sites critiquant les missions Apollo

En anglais

- J'ai trouvé ce site web après avoir écrit mon livre et j'ai constaté que David Wozney avait relevé les mêmes anomalies.
Apollo moon missions anomalies & inconsistencies (David Wozney)
Une enquête qui reprend en détail certains points de ce livre et y apporte des calculs scientifiques.
http://internet.ocii.com/~dpwozney/apollo1.htm
- The dark side of the moon landings (article exposant les observations du photographe David Percy)
http://www.forteantimes.com/artic/94/moon.html
- Faked moon landings (Kevin Overstreet)
http://batesmotel.8m.com/

En français

- Un pas de trop sur la Lune (Philippe Lheureux)
http://www.multimania.com/autocoup/lune5.html
(une étude moins complète que ce livre mais qui vous permettra de voir les photos sur écran)
- Liens secrets (Bernard Heliord)
http://www.cryogen.com/heliord/secret.htm
(on y trouve de tout en matière de complots, ovni, etc.)

Liens vers des sites qui contestent les critiques sur les missions Apollo

En anglais

- The moon landings were not faked (Jim Scotti)
http://pirlwww.lpl.arizona.edu/~jscotti/NOT_faked/
- Nasa's moon hoax
http://www.redzero.demon.co.uk/moonhoax/
- Apollo hoax : **http://www.apollo-hoax.co.uk/**

En français

- Les alunissages n'ont pas été truqués ! (Arnaud Delaunay)
http://perso.club-internet.fr/arnaudel/Payekhali/Dossiers/Anti-TMLWF.htm
- Analyse critique des pages "Un pas de trop sur la lune" (Arnaud Delaunay). Un superbe travail de démolition de mes arguments à ne manquer sous aucun prétexte.
http://perso.club-internet.fr/arnaudel/Payekhali/Dossiers/Contre-analyse-intro.html
- Réponse du laboratoire de physique
http://franck.germain.free.fr/nasa/apollo.htm
- Dossier Apollo X-files Réponse à un révisionniste
http://chabin.laurent.free.fr/nasa/nasa_hoax.htm
- Les missions lunaires (intéressant pour la chronologie de la course à la lune)
http://ac-reunion.fr/pedagogie/cotitanp/missions.htm

Chapitre 2

OVNI ?

Toute révélation d'un secret est la
faute de celui qui l'a confié.
La Bruyère

La lune est-elle une base pour les ovni ? S'ils existent réellement, c'est possible. Voici quelques pages qui tendent à démontrer que la lune est probablement plus «vivante» qu'on ne le croit.

Deux minutes de «silence» radio
Un rapport non vérifié disponible sur Internet à l'adresse :
http://members.iquest.net/~drmwalkr/apollo.txt
certifie que Neil Amstrong et Edwin Aldrin ont vu des ovni peu après leur alunissage.
Un des astronautes a dit qu'il voyait une lumière dans un cratère, Houston lui demanda des précisions et la communication télévisée fut coupée. Un radio amateur à l'écoute de la fréquence dit avoir enregistré le dialogue suivant :
- Armstrong/Aldrin : «Those are giant things. No, no, no, this is not an optical illusion. No one is going to believe this!»
Armstrong/Aldrin : «Ces choses sont géantes. Non, non, non, ce n'est pas une illusion d'optique. Personne ne va croire ça !»
- Houston (Christopher Craft) : «What...what...what? What the hell is happening? What's wrong with you?»
Houston (Christopher Craft) : «Quoi... quoi... quoi ? ! Qu'est-ce qui se passe nom de dieu ? Qu'est-ce qui ne va pas ?»

- Armstrong/Aldrin : «They're here under the surface.»
Armstrong/Aldrin : «Ils sont ici sous la surface.»
- Houston : «What's there? (muffled noise) Emission interrupted ; interference control calling Apollo 11.»
Houston : «Qu'est-ce qu'il y a ? (bruit sourd) Emission interrompue ; contrôle des interférences appelle Apollo.»
- Armstrong/Aldrin : «We saw some visitors. They were here for a while, observing the instruments.»
Armstrong/Aldrin : «Nous avons vu des visiteurs. Ils étaient ici pendant un moment, et observaient les instruments.»
- Houston : «Repeat your last information.»
Houston : «Répétez votre dernière information.»
- Armstrong/Aldrin : «I say that there were other spaceships. They're lined up in the other side of the crater.»
Armstrong/Aldrin : «Je dis qu'il y avait d'autres vaisseaux spatiaux. Ils sont alignés de l'autre côté du cratère.»
- Houston : «Repeat...repeat!»
Houston : «Répétez… répétez !»
- Armstrong/Aldrin : «Let us sound this orbita... in 625 to 5... automatic relay connected... My hands are shaking so badly I can't do anything. Film it ? God, if these damned cameras have picked up anything, what then?»
Armstrong/Aldrin : «Nous allons sonder cette orbite… de 625 à 5… relais automatique connecté… Mes mains tremblent tellement que je ne peux rien faire. Filmer ça ? Mon dieu, si ces satanés appareils photos captent quelque chose, on fera quoi ?»
- Houston : «Have you picked up anything?»
Houston : «Avez-vous pris quelque chose ?»
- Armstrong/Aldrin : «I didn't have any film at hand. Three shots of the saucers, or whatever they were that were ruining the film.»
Armstrong/Aldrin : «Je n'avais pas de pellicule sous la main.

Trois photos des soucoupes ou de ces machins qui abîmaient la pellicule.»

- Houston : «Control, control here. Are you on your way? What is the uproar with the UFO's over?»

Houston : «Contrôle, ici le contrôle. Etes-vous en route ? C'est quoi ce bordel avec les ovni ? Terminé.»

- Armstrong/Aldrin : «They've landed there. There they are and they're watching us.»

Armstrong/Aldrin : «Ils y ont débarqué. Ils sont là et ils nous observent.»

- Houston : «The mirrors, the mirrors,have you set them up?»

Houston : «Les miroirs, les miroirs, les avez-vous installés ?»

- Armstrong/Aldrin : «Yes, they're in the right place. But whoever made those spaceships surely can come tomorrow and remove them. Over and out.»

Armstrong/Aldrin : «Oui, il sont au bon endroit. Mais ceux qui ont fait ces vaisseaux spatiaux peuvent certainement revenir demain et les enlever. Fin de transmission.

Analyse critique

La phrase «Nous allons sonder cette orbite... de 625 à 5... relais automatique connecté...» amène à penser que les astronautes sont en train de survoler la lune au moment où ils observent des ovni ! Ils ne sont donc pas dessus !

J'imagine d'ailleurs mal Armstrong et Aldring poursuivre tranquillement leurs expériences sur la lune après avoir constaté la présence d'ovni !

Quant aux miroirs qui sont probablement ceux du réflecteur Laser destiné à mesurer la distance terre-lune, qu'est-ce qui empêchait de les déposer à distance à l'aide d'un engin télécommandé ?

Une rencontre du troisième type dans la Bible ?

Texte extrait d'Ezechiel (Ancien Testament) Bible Louis Second de 1943
Je regardais, et voici, il vint du septentrion un vent impétueux, une grosse nuée, et une gerbe de feu, qui répandait de tous côtés une lumière éclatante, au centre de laquelle brillait comme de l'airain poli, *sortant du milieu du feu.*

Cela ne vous rappelle-t-il pas quelque chose ?

Au centre encore, apparaissaient quatre animaux, dont l'aspect avait une ressemblance humaine. *Chacun d'eux avait quatre faces, et chacun avait quatre ailes.* Leurs pieds étaient droits, et la plante de leurs pieds était comme celle du pied d'un veau, et ils étincelaient comme de l'airain poli. Ils avaient des mains d'homme sous les ailes *à leurs quatre côtés, et tous les quatre avaient leurs faces et leurs ailes.* Leurs ailes étaient jointes l'une à l'autre *; ils ne se tournaient point en marchant, mais chacun marchait droit devant soi. Quant à la figure de leurs faces, ils avaient tous une face d'homme, tous quatre une face de lion à droite, tous quatre une face de bœuf à gauche, et tous quatre une face d'aigle. Leurs faces et leurs ailes étaient séparées par le haut; deux de leurs ailes étaient jointes l'une à l'autre, et deux couvraient leurs corps. Chacun marchait droit devant soi ; ils allaient où l'esprit les poussait à aller, et ils ne se* *tournaient point dans leur marche. L'aspect de ces animaux ressemblait à des charbons de feu ardents ; c'était comme l'aspect des flambeaux, et ce feu circulait entre les animaux; il jetait une lumière éclatante, et il en sortait des éclairs. Et les animaux couraient et revenaient comme la foudre. Je regardais ces animaux; et voici,* il y avait une roue sur la terre, *près des animaux, devant leurs quatre faces.* A leur aspect et à leur structure, ces roues semblaient être en chrysolite, et toutes les quatre avaient la même forme ; leur aspect et leur structure étaient tels que chaque roue paraissait être au milieu d'une autre roue. *En cheminant, elles allaient de leurs quatre côtés, et elles ne se tournaient point dans leur marche.* Elles avaient une circonférence et une hauteur effrayantes, et à leur circonférence les quatre roues étaient remplies d'yeux tout autour. *Quand les animaux marchaient, les roues cheminaient à côté d'eux; et* quand les animaux s'élevaient de terre, les roues s'élevaient aussi. *Ils allaient où l'esprit les poussait à aller, et les roues s'élevaient avec eux, car* l'esprit des animaux était dans les roues. *Quand ils marchaient, elles marchaient, quand ils s'arrêtaient, elles s'arrêtaient;* quand ils s'élevaient de terre, les roues s'élevaient avec eux, car l'esprit des animaux était dans les roues.

Au-dessus des têtes des animaux, il y avait comme un ciel de cristal resplendissant, qui s'étendait sur leurs têtes dans le haut. Sous ce ciel, leurs ailes étaient droites l'une contre l'autre, *et ils en avaient chacun deux qui les couvraient, chacun deux qui couvraient leurs corps.*

Une ressemblance humaine,
Un ciel de cristal au-dessus de la tête,
Des ailes droites dans le dos et jointes l'une à l'autre,
Des pieds droits comme des pieds de veaux,
C'est bizarre, j'ai déjà vu cela quelque part !

J'entendis le bruit de leurs ailes quand ils marchaient, pareil au bruit de grosses eaux, ou à la voix du Tout-Puissant ; c'était un bruit tumultueux, comme celui d'une armée; quand ils s'arrêtaient, ils laissaient tomber leurs ailes. Et ils faisaient un bruit qui partait du ciel étendu sur leurs têtes, lorsqu'ils s'arrêtaient et laissaient tomber leurs ailes.

Au-dessus du ciel qui était sur leurs têtes, *il y avait quelque chose de semblable à une pierre de saphir, en forme de trône, et sur cette forme de trône apparaissait comme une figure d'homme placé dessus en haut. Je vis encore comme de l'airain poli, comme du feu, au dedans duquel était cet homme, et qui rayonnait tout autour; depuis la forme de ses reins jusqu'en haut, et depuis la forme de ses reins jusqu'en bas, je vis comme du feu, et comme une lumière éclatante, dont il était envi-*

ronné. Tel l'aspect de l'arc qui est dans la nuée en un jour de pluie, ainsi était l'aspect de cette lumière éclatante, qui l'entourait : c'était une image de la gloire de l'Eternel. A cette vue, je tombai sur ma face, et j'entendis la voix de quelqu'un qui parlait.

Conclusion

Etonnant non, cette rencontre du troisième type en pleine Bible. On se représente bien les soucoupes volantes avec leurs hublots (elles avaient une circonférence et une hauteur effrayantes, et à leur circonférence les quatre roues étaient remplies d'yeux tout autour).
Quant au ciel de cristal, qu'est-ce qu'un ciel sinon une demi-sphère, que peut-il représenter d'autre qu'une visière de casque d'astronaute ?
Cette description d'Ezechiel accrédite la possibilité d'un contact avec une civilisation terrestre ou extraterrestre hautement évoluée. Cette civilisation est-elle à l'origine des cratères artificiels visibles sur la lune ? Vous le saurez en lisant le chapitre trois.
Il existe aussi un livre de Jean Sendy sur le sujet : «La lune, clé de la Bible».
N'y voyez aucun rapport avec les thèses développées par les raëliens, je n'ai absolument rien à voir avec cette secte dont d'ailleurs je réfute les idées. Cette interprétation est juste là pour établir la transition entre l'analyse des photographies de la conquête lunaire et la théorie des cratères artificiels. Il était intéressant de constater combien la photo d'Aldrin ressemble à la description d'Ezechiel...

Orion et Apollo

Voici le sigle des missions Apollo tel qu'on peut le trouver sur le site de la Nasa.

Une fusée part de la terre, passe devant la constellation d'Orion (les trois étoiles du bouclier Bételgeuse, Rigel et Bellatrix sont mises en valeur) et se pose sur la lune dont la partie à l'ombre possède un visage humain qui regarde Orion. La barre du A est matérialisée par les trois étoiles et la traînée de la fusée.

On est dans la mythologie ou au 20e siècle ? Pourquoi la course à la lune se transforme-t-elle en un pied de nez au forces maléfiques d'Orion (*) ?

Oublié les Russes, la menace réelle semble venir des étoiles ?

Dans la mythologie, Orion était un chasseur géant. Il fut tué par Artemis qu'il avait offensé. Après sa mort, Artemis le transforma en constellation en même temps que son chien Sirius. Un géant, peut-être comme ceux de la Bible ?

Génèse 6

Verset 2

Les fils de dieu virent que les filles des hommes étaient belles, et ils en prirent pour femmes.

Verset 6

Les géants étaient sur la terre en ces temps-là, après que les fils de dieu furent venus vers les filles des hommes et qu'elles leur eurent donné des enfants :

Ce sont ces héros qui furent fameux dans l'antiquité.

Si l'on suit la Bible à la lettre, une race extraterrestre prise pour des dieux semble s'être accouplée avec des terriennes pour donner naissance à des géants.

Qu'est-ce que la mission Apollo vient faire au beau milieu de tout cela ? Plus je regarde le sigle, plus il m'inspire «On vous a vus», «On sait que vous existez», «Ne vous approchez pas de la lune ou vous finirez comme Orion».

Il font quand même fort à la Nasa, et ensuite ils s'étonnent que certains voient des extraterrestres partout !

(*) Le coucher d'Orion (en hiver) était marqué par des tempêtes. Il est question à plusieurs reprises dans l'*Énéide* de cette constellation, chaque fois avec une connotation négative.

Le Rapport Cometa

Jusqu'en Juillet 1999, date de publication du rapport Cometa, les ovni ne pouvaient être que des nuages lenticulaires, des étoiles, des satellites, des avions furtifs, notre lune ou des ballons sondes vus par des ivrognes ou des gens voulant faire parler d'eux.

Les scientifiques admettaient l'existence possible d'extraterrestres, mais leurs planètes étaient bien trop éloignées pour qu'ils puissent nous rendre visite. La technologie humaine étant décrétée officiellement «la meilleure de l'univers», aucune race extraterrestre ne pouvait faire mieux que nous ! Bref, il valait mieux ne rien voir plutôt que de passer pour un illuminé.

Les temps changent, si l'on en juge par le contenu de ce rapport publié sous le titre : Les ovni et la défense – A quoi doit-on se préparer ? Le rapport confidentiel remis au président de la République et au premier ministre.

Préface du Général Norlain ancien directeur de l'Institut des Hautes Etudes de Défense Nationale (c'est du sérieux !). Ceux qui ont acheté le rapport Cometa peuvent lire page 71 au chapitre «Conclusions et recommandations» :

«Les études du CNES, de la gendarmerie nationale et de l'armée de l'air menées sur une période de 20 ans démontrent la réalité physique quasi certaine d'objets volants totalement inconnus, aux performances de vol et au silence remarquable, apparemment mus par des intelligences. Ces objets volants impressionnent fortement par leurs manœuvres, des pilotes, civils et militaires, qui hésitent à parler. La crainte de paraître ridicule, aliéné ou simplement crédule, motive principalement cette réserve.»

«Une seule hypothèse rend suffisamment compte des faits et ne fait appel, pour l'essentiel, qu'à la science d'aujourd'hui ; c'est celle de visiteurs extraterrestres.»
«L'hypothèse extraterrestre est de loin la meilleure hypothèse scientifique. Elle n'est certes pas prouvée de façon catégorique, mais il existe en sa faveur de fortes présomptions, et si elle est exacte, elle est grosse de conséquences.»
Non, vous ne rêvez pas, tout ceci a bien été écrit dans ce rapport et même pire encore, puisqu'il sous-entend que les militaires américains nous cachent quelque chose d'important survenu à Roswell en 1947.
Certains rationalistes extrémistes comme ceux du cercle zététique (http://www.zetetique.ldh.org) diront sûrement que ce rapport n'est pas recevable et que ceux qui l'ont rédigé se sont fait manipuler par des illuminés. Que vaut l'avis d'illusionnistes comparé à des signatures radar et aux témoignages de pilotes de l'armée de l'air ?
Qui sont-ils au fait, les rédacteurs du rapport Cometa, devant lesquels on ne peut que s'incliner pour avoir eu le courage de dire la vérité ?
Le général Bernard Norlain (ancien directeur de l'IHEDN), Jean Claude Ribes (astrophysicien célèbre), le professeur André Lebeau (ancien président du CNES), Marc Merlo (Amiral), Alain Orszag (Ingénieur général de l'armement), le général Denis Letty (Armée de l'Air), Christian Marchal (Ingénieur en chef des mines), Michel Algrin (Avocat à la cour), Pierre Bescond (Ingénieur général de l'armement), Denis Blancher (Commissaire principal de la police nationale au ministère de l'intérieur), le général Bruno Le Moine (armée de l'air), Françoise Lépine (Fondation pour les études de défense), Jean Dunglas (docteur-ingénieur)...
On est loin des traditionnels chercheurs marginaux en matière d'ovni...! Et pourtant ! Qui d'entre vous a entendu

parler du rapport Cometa à la télévision ou à la radio ? Les journalistes ont-ils reçu l'ordre de ne pas s'intéresser à ces informations ?
J'aimerais les voir se pencher sur les photos de la Nasa (chapitre 1) et celles de la sonde Clémentine (chapitre 3).
Pour en revenir aux ovni, puisque maintenant *l'hypothèse extra-terrestre est de loin la meilleure hypothèse scientifique,* la lune ne ferait-elle pas une bonne base pour nous observer sans risque ?
Voici une photo prise par le satellite Clémentine et qui semble accréditer cette hypothèse.

Photographie Clémentine NASA

On y voit un point blanc en haut à gauche à proximité de la lune. La photo est numérique, il ne s'agit donc pas d'une poussière sur le négatif. S'agit-il d'un ovni ?
J'imagine mal les militaires américains passer à côté du problème des ovni et cantonner les missions Apollo aux opérations «pelle, seau et drapeau» ! Et vous ?

Lien Internet en français concernant le rapport Cometa :
Ovni : Quand le Cometa paraît
http://sciencefrontieres.free.fr/art/cometa.htm

La lune est-elle creuse ?

Lors de la mission Apollo 12, la dernière expérience scientifique consistait à essayer de déterminer la structure interne de la lune par analyse d'une onde de choc.
Le Lem, vidé de ses occupants, fut programmé pour s'écraser dans l'océan des tempêtes, à 75 km du sismographe laissé au sol par les astronautes. Les résultats furent étonnants !
L'impact provoqua des ondes très longues, ayant une faible vitesse de propagation et qui durèrent… trente minutes (source Encyclopédie Universalis).
Un peu comme si la lune était creuse et qu'elle s'était mise à vibrer comme une cloche !
Aucun scientifique ne sut vraiment comment interpréter ces résultats.
Certains ufologues pensent que la lune est un gigantesque vaisseau spatial extra-terrestre mis en orbite volontairement autour de la terre dans les temps anciens. Pour eux, les cratères ne sont que des impacts dans une coque de protection. La face cachée comportant un nombre plus important de cratères aurait agi comme un bouclier de protection lors du voyage.
Avouez que cette expérience tombait à point pour les conforter dans leur idée !

<u>Analyse critique</u>
Il faudrait savoir si cette expérience a été renouvelée lors d'une autre mission. A-t-elle donné les mêmes résultats ?
A mon sens, il aurait été plus «scientifique» de déposer des explosifs au sol pour mesurer la propagation d'une onde de choc puisque la puissance et la position exacte de la source de l'explosion aurait été connue. Apollo 12 aurait très bien

pu déposer plusieurs engins explosifs destinés à être mis à feu lors d'une mission suivante. Les données de deux sismographes déposés dans des lieux géographiques différents se seraient ainsi corrélées pour plus de sûreté.

Une autre question me vient à l'esprit : le sismographe aurait-il pu enregistrer autre chose que l'écrasement du Lem ?

Si, comme vous allez le découvrir dans le chapitre 3, certains cratères font l'objet de travaux, les vibrations enregistrées ne pourraient-elles pas venir du fait de la présence d'un engin travaillant dans un cratère ?

Phénomènes Transitoires Lunaires (PTL)

Les scientifiques s'accordent à dire que la lune est un astre mort. Toute activité volcanique est censée y avoir cessé depuis plus d'un milliard d'années.
Néanmoins, de nombreux astronomes réputés (anciens ou contemporains) y ont observé des phénomènes plutôt étranges qu'ils ont surnommés PTL (Phénomènes Transitoires Lunaires).
Ces phénomènes sont assez fréquents, environ 30 à 35 cas par an avec une pointe à 118 cas pour l'année 1969 (année de la mission Apollo 11).
Il s'agit principalement d'éclairs très brillants, ou de taches blanches, situés dans ou à proximité de certains cratères.
Mais aussi :
- D'occultation du relief et d'obscurcissement temporaires liés probablement à des soulèvements de poussière.
- De rougeoiements ou de lueurs bleues avec ou sans clignotement.
- Et même de modification de la forme de certains cratères comme pour les cratères Messier ou Linné.

De nombreux PTL ont été photographiés et répertoriés par les astronomes bien avant les missions Apollo !
L'explication la plus rationnelle veut que d'immenses poches de gaz volcanique existent sous la croûte lunaire et que celles-ci finissent par s'échapper en soulevant d'énormes quantités de poussière lunaire. La lumière solaire frappant le gaz et le nuage de poussière donnerait naissance à ces phénomènes étranges visibles de la terre.

Analyse critique

Ces PTL observés sont peut-être le signe d'une activité intelligente extra-terrestre dans les cratères lunaires ! Une possible exploitation minière pourrait très bien produire des effets analogues à ceux répertoriés.

Il est anormal d'écarter l'hypothèse vie avant même de l'avoir étudiée. Surtout lorsqu'on sait que certains cratères ont une forme polygonale (voir chapitre 3).

Liens Internet sur les PTL

- En anglais

Roger's Lunar Page : **http://www.geocities.com/CapeCanaveral/Launchpad/7021/lunar.html**

The Lunascan Project (TLP)

http://www.evansville.net/~slk/lunascan.html

et le plus complet :

NASA Technical Report R-277 Transcient Lunar Phenomena

http://www.mufor.org/tlp/lunar.html

S'il s'agit bien d'un rapport Nasa, ils ne pouvaient pas ne pas en tenir compte pour la détermination des sites d'alunissage !

- En français

Les phénomènes transitoires lunaires, un excellent article sur : **http://astroclub.net/jupiter/sirius/ptl1.html#Liste_surveiller**

Chapitre 3

LA THÉORIE DES CRATÈRES LUNAIRES ARTIFICIELS

Avertissement !

Si vous n'avez pas l'esprit ouvert, inutile d'aller plus loin, sauf peut-être pour rire un bon coup ! De toute façon, si vous continuez **vous ne regarderez plus jamais la lune avec les mêmes yeux !**
Rappelez-vous la première phrase prononcée par Frank Bormann (Vol Apollo 8) lors du rétablissement radio qui a suivi la sortie de la face cachée de la lune (Noël 1968) :

« *On vient de nous confirmer que le père Noël existe bien !* »

Qu'avait-il vu pour prononcer une phrase pareille à ce moment-là ?

En 1980 dans le métro parisien, je remarquais un homme assis en face de moi qui lisait un livre au titre étonnant : «Ils n'étaient pas seuls sur la lune» de George Leonard (Editions Belfond «Initiation et connaissance»).
Par curiosité, je me le suis procuré. Je ne sais s'il est encore disponible.

Voici le résumé de l'éditeur :
Ce livre, que George Leonard a réussi à faire paraître malgré l'opposition des services publics américains, fera l'effet d'une bombe.
George Leonard affirme et démontre, preuves à l'appui, à partir de photographies officielles de la NASA, cette incroyable réalité : la Lune est habitée. Les astronautes de la NASA l'ont constaté de leurs propres yeux mais ils respectent strictement la consigne du silence.
«Mon livre, dit George Leonard, est le résultat d'une véritable enquête policière et d'années de recherches considérables. J'ai étudié, scruté des milliers de photographies de la NASA ; j'ai eu d'innombrables conversations avec les membres des équipes de programmes spatiaux : il faut obliger le gouvernement américain et la NASA à dire toute la vérité et, ensuite, à proposer un débarquement massif sur la Lune.»
Une fois entré dans le détail d'une démonstration particulièrement rigoureuse, il est difficile aux lecteurs de n'être pas convaincus par les extraordinaires révélations de George Leonard qui remet en cause tout un acquis scientifique trop rassurant et débouche sur une redéfinition, tant militaire qu'économique, d'une stratégie à l'échelle cosmique.

J'ai cru que l'auteur avait «pété un fusible». C'est le genre de livre à offrir un premier Avril, des extraterrestres sur la lune, et puis quoi encore !
Si c'était vrai, cela se saurait depuis longtemps, et la prudence s'imposerait bien plus que le débarquement massif proposé par l'auteur.
Et puis, pourquoi choisir la lune alors que la terre est quand

même plus hospitalière ?
Le canular semblait vraiment trop gros ! Pourquoi cacher une telle découverte ?
Quel fou !
Je me doute que vous allez avoir la même opinion de moi dans peu de temps, et c'est normal.
C'est la réaction logique d'un esprit conditionné par le rationalisme face à une nouveauté : le rejet par principe !
Il n'est pas évident de remettre en cause des vérités scientifiquement établies. Depuis les missions Apollo, tout le monde pense que la lune n'est qu'une sorte de désert stérile sans atmosphère, complètement impropre à la vie telle que nous la connaissons. C'est vrai, mais rien n'empêche une civilisation extraterrestre ou une ancienne civilisation terrestre d'y avoir envoyé des machines. Nous l'avons bien fait !
Personnellement, je suis persuadé que la vie n'est pas un phénomène isolé propre à la terre, mais un phénomène étendu à l'univers. La découverte en 1979 de toute une chaîne alimentaire sous-marine (bactéries, vers, moules, poulpe) vivant dans de l'eau proche de 350°C, dans le noir complet, avec 2 500 mètres de pression d'eau et dans un milieu riche en soufre, hydrogène sulfuré et ammoniaque me conforte d'ailleurs dans cette opinion. (Source : le livre «Dieu des Fourmis - Dieu des étoiles» de Rémy Chauvin, Edition Le Pré aux Clercs, page 45).
Si la vie a été capable de s'adapter à ces conditions extrêmes, alors elle peut avoir colonisé d'autres planètes. Et pas seulement sous la forme de bactéries, puisque sur terre on a pu filmer un poulpe à oreille vivant dans de l'eau à proximité des bactéries thermophiles. Le poulpe étant un animal intelligent, cela augmente considérablement les chances de trouver un jour une planète où la vie ait atteint un stade supérieur de conscience.

En 1980, impossible de vérifier les photographies du livre «Ils n'étaient pas seuls sur la lune» ; aujourd'hui avec Internet, la chose est possible grâce à des serveurs comme ceux des missions Clémentine (http://clementine.cnes.fr) et Lunar Orbiter (www.lpi.usra.edu/research/lunar_orbiter/).
Le serveur Clémentine propose 1,8 million photographies de la surface lunaire prises par une sonde militaire en 1994. Inutile d'investir dans un télescope, puisque la lune est devenue disponible 24h/24 sur Internet.
Pour les besoins de cette enquête, j'ai utilisé quelques photographies représentatives qui ne manqueront pas d'attiser votre curiosité.
Le minimum que l'on puisse faire face à de tels clichés, est de se poser des questions et d'essayer d'y apporter des réponses. C'est ce que nous allons tenter.
L'être humain a-t-il peur des conséquences de la découverte d'une vie plus évoluée ? Dieu créa l'homme à son image, c'est bien, mais s'il existe des extraterrestres plus intelligents, cela risque de remettre en cause bon nombre de croyances terrestres.
Et puis, comment accepter qu'ils nous regardent avec la même considération que celle que nous avons pour des fourmis ? Les imaginer loin de nous est plus rassurant que les savoir tout près.
Sur les 1,8 millions clichés pris par la sonde Clémentine, j'en ai visualisé environ 250 avant de vous présenter cette enquête. Ce qui montre que les anomalies sont assez fréquentes. Il se peut néanmoins que j'interprète mal ce que je vois. A vous de vous faire une opinion.
Pour information, les photographies de la sonde Clémentine visibles dans cette enquête ont une résolution de 80 mètres, c'est-à-dire qu'un pixel d'écran = environ 80 mètres. Tous les objets dont la taille est inférieure à cette résolution

demeurent donc invisibles. Inutile d'espérer voir le Lem sur un site d'alunissage ou un extraterrestre. Ne perdez pas de vue néanmoins que tout ce que vous regardez est gigantesque, et donc il ne peut s'agir de technologie humaine, si technologie il y a.

Voici donc les photographies qui me posent problème.

Les cratères polygonaux

Voici des photographies qui posent clairement le problème de l'existence d'une forme d'intelligence sur la lune.
Pour faciliter le repérage des anomalies, la plupart sont accompagnées d'un dessin indiquant leur position.

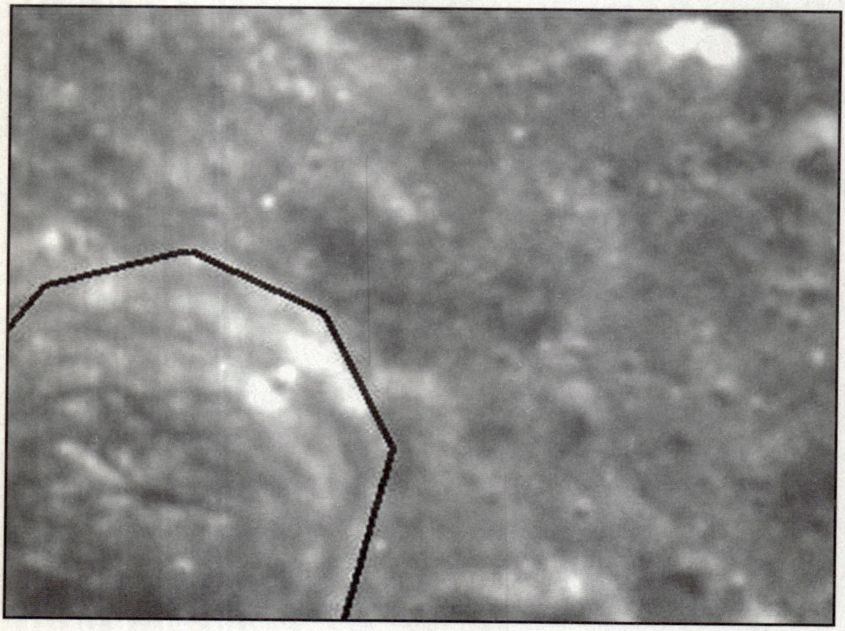

Cratère polygonal (repérage de l'anomalie)

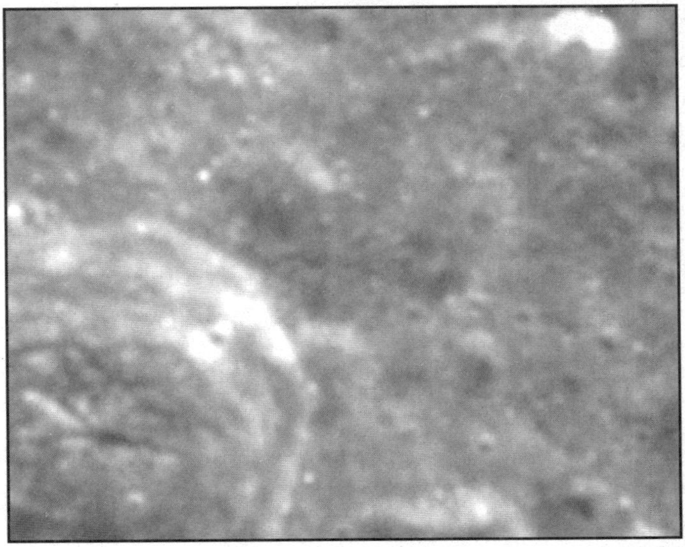

Cratère polygonal (photographie Clémentine NASA)

Sur la gauche de la photographie, on remarque bien la forme polygonale de ce cratère isolé.
La lune recèle de très nombreux cratères polygonaux, ce que j'ignorais totalement et vous aussi sûrement puisque personne ou presque n'en parle.
La discussion sur l'origine des cratères lunaires a fait couler beaucoup d'encre dès le siècle dernier. La science fonctionnant souvent par analogie avec ce qui existe déjà, les scientifiques ne pouvaient choisir qu'entre les cinq possibilités de formation suivantes :

1) Méthodes naturelles :
- Par volcanisme (analogie avec les cratères des volcans terrestres).
- Par l'impact d'une météorite (analogie avec des cratères terrestres comme le météor crater).
- Par effondrement d'une cavité souterraine (poche de dissolution, grotte ou carrières souterraines).

2) Méthodes provenant du vivant :
- Par action mécanique liée à une forme d'intelligence (explosifs ou machines comme pour une mine à ciel ouvert).
- Par action d'un organisme extraterrestre. On aurait pu aussi imaginer de grosses bactéries dévorant la roche et se déplaçant en laissant des traces assimilables aux éjectas, comme sur terre la larve du fourmilion crée un cratère pour capturer des fourmis et jette du sable aux alentours.

Alors que sur terre, les cinq possibilités coexistent sans aucun problème, les scientifiques semblent avoir écarté d'office les trois dernières et se sont «entre-tués» verbalement entre «impactistes» et «volcanistes».
Les partisans des impacts de météorites ont fini par l'emporter !
C'est étonnant, car absolument rien n'empêche la coexistence de différents types de cratères sur la terre, alors pourquoi pas sur la lune ? Pourquoi avoir cherché à retenir une seule explication, alors que la solution est peut-être liée à la combinaison des différents types de cratères possibles ?
Il se peut en effet que des milliers de météorites soient tombées sur une lune où la croute est encore «visqueuse». La rencontre des différentes ondes de choc est peut-être à l'origine de certaines formes polygonales observées.
J'ai quand même trouvé une tentative d'explication des cratères polygonaux par le grand vulcanologue Haroun Tazieff. Le ton donne une idée de la lutte entre «impactistes» et «volcanistes».

Propos d'Haroun Tazieff extraits de l'article «Polémique sur un volcan» du numéro hors série de «Ciel et Espace» (oct-nov-dec 89)

«L'hypothèse officiellement admise selon laquelle les «cratères» lunaires seraient dus aux impacts de gigantesques météorites est, selon moi, erronée. Non qu'il n'y ait sur notre satellite des cratères d'impact, fort loin de là, mais le plus grand nombre cependant représente beaucoup plus vraisemblablement la face supérieure, figée à jamais, de cellules de convection thermique ayant, lorsque la Lune était encore entièrement fluide, brassé le magma qui la constituait.

Les tenants de l'origine par impacts n'ont jamais pu répondre à la question : pourquoi un cratère résultant de la chute d'une météorite, au lieu d'être circulaire, serait-il polygonal ? (*) Alors que, on le sait, depuis les travaux de Bénard sur le phénomène de la convection thermique des fluides, des cellules de convection en activité simultanée, serrées les unes contre les autres, passent de la forme cylindrique qui caractérise une telle cellule isolée à celle d'un prisme droit polyédrique, polyèdre hexagonal lorsque la viscosité est suffisante.

Il en est de même en ce qui concerne la juxtaposition de deux ou de plusieurs cratères lunaires si communément observée : alors que l'hypothèse de la convection magmatique en rend aisément compte, celle des impacts ne peut, à ce propos, que se taire.

De même encore pour la décroissance du diamètre de cratère qui se recoupent : elle répond selon moi, à la diminution

(*) Nde : les phrases de l'article sont soulignées par Ph. Lheureux.

de profondeur de ces cellules lorsque croit la viscosité du magma, laquelle est liée au refroidissement.

Il y a un quart de siècle, le débat était vif entre partisans de la théorie des impacts et ceux de la théorie convective (dite souvent volcanique). Les spécialistes de la Nasa étant pour la plupart «impactistes» et le prestige de la Nasa (et des Etats-Unis) impressionnant comme d'habitude le troupeau scientifique autant que le grand public, l'hypothèse météoritique fût finalement plébiscitée sans que les trois questions rappelées ci-dessus eussent été prises en considération : il est trop souvent d'usage, dans le microcosme scientifique, de ne pas donner de réponse à une question embarrassante et de simplement ignorer celle-ci. Que cette attitude soit en contradiction avec l'éthique ne semble gêner en rien le scientifique moyen. Et aujourd'hui, tout le monde, ou presque, considère que les cratères de la Lune ont été engendrés par impact alors que la plupart d'entre eux me semblent indiscutablement liés au formidable volcanisme des premières années de la Lune.»

Haroun Tazieff a sûrement raison pour beaucoup de cratères, mais pour ceux qui sont isolés et polygonaux comme celui de la photographie ci-dessus, il peut y avoir une autre hypothèse.

Cette forme a très bien pu être obtenue artificiellement, suite à l'action de machines. Une sorte d'exploitation minière...

C'est difficile à croire et pourtant, regardez la photo ci dessous :

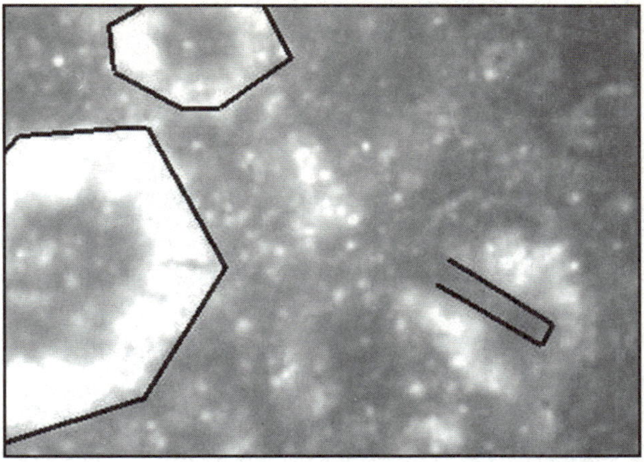

Cratères étranges (repérage des anomalies)

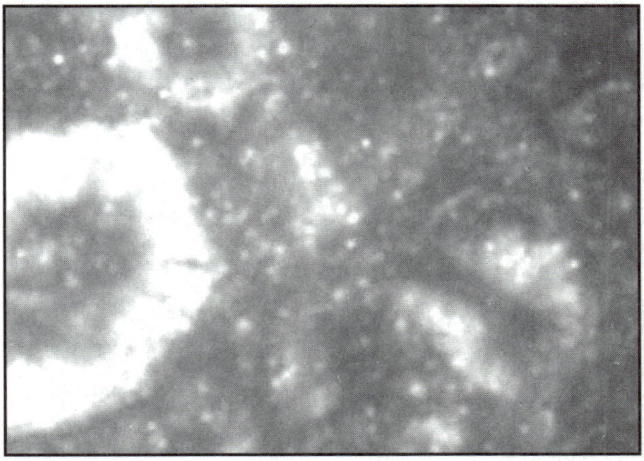

(photographie Clémentine NASA)

Regardez le cratère de gauche : sa limite extérieure forme un polygone à six côtés et il n'est pas en contact avec d'autres cratères. S'il est facile de comprendre que des bulles de lave qui se touchent ont une surface de contact plane, il est beaucoup plus difficile d'expliquer comment un cratère isolé peut devenir polygonal.

Quant au cratère de droite, si son aspect n'est pas dû à de la lave qui a coulé à l'intérieur, je ne vois pas comment une météorite aurait pu creuser un tel cratère, avec cette tranchée noire presque régulière.

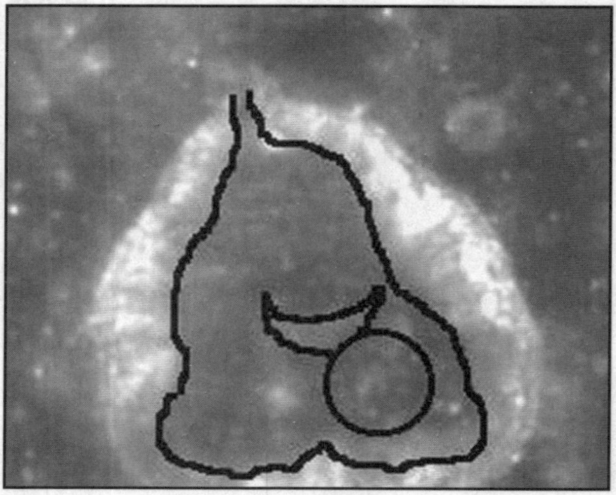

Le cratère Ukert (repérage des anomalies)

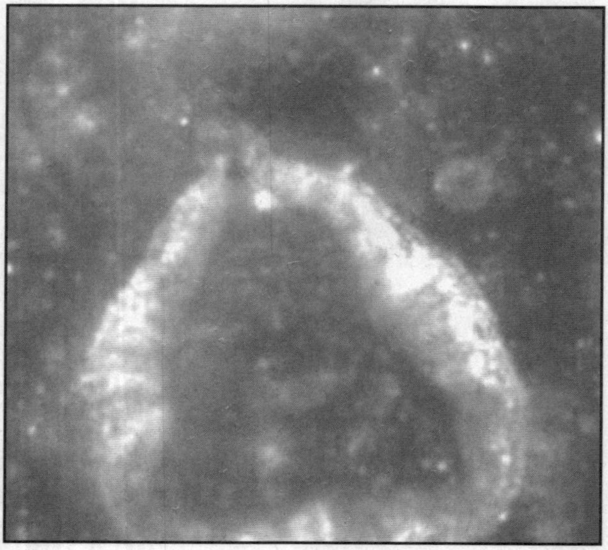

Le cratère Ukert (photographie Clémentine NASA)
(Latitude +7 Longitude +1)

Ukert est un cratère triangulaire donc «polygonal», bien connu des astronomes.
Comment expliquer qu'une météorite soit à l'origine d'un tel cratère puisque la résultante d'une explosion ne saurait être triangulaire ?
Regardez bien à l'intérieur de ce cratère, il y a comme des roches en forme de croissant. Dans le coin en bas à droite, on distingue une sorte de couronne de dômes reliés entre eux. Je voudrais trouver un géologue pour m'expliquer comment une météorite est capable de laisser un impact comme celui-ci !

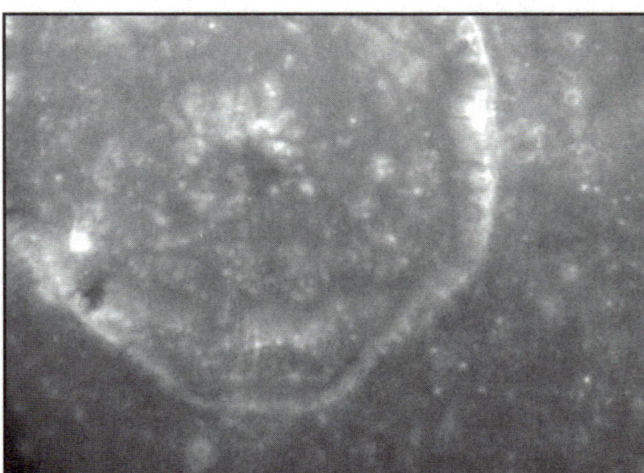

Le cratère Manilius (photographie Clémentine NASA)
(Latitude +14 Longitude +10)

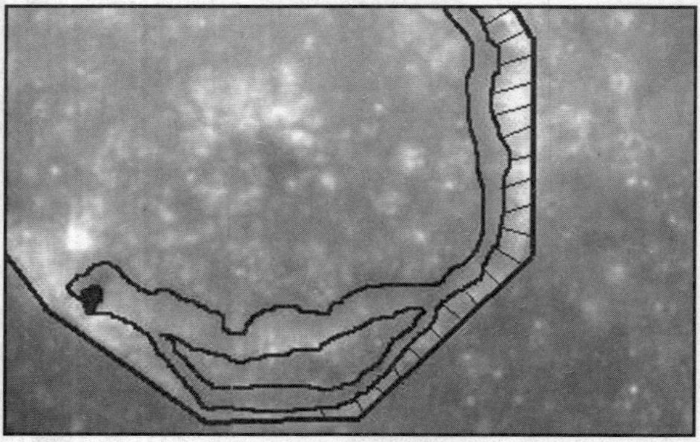

Le cratère Manilius (repérage des anomalies)

La partie haute du cratère Manilius est circulaire mais c'est bien la seule (j'ai vérifié sur d'autres photographies de Clémentine et de Lunar Orbiter).

Sur cette photographie, on peut remarquer que :

- La partie basse du cratère a une apparence polygonale très nette.
- Le bas du talus est plus bas que le fond du cratère, comme si le contour avait été creusé avant de s'attaquer à la partie centrale. D'ailleurs l'évidement de la partie centrale est en cours si l'on en juge par la grosse rainure visible en partie basse du cratère.

La tache noire à gauche, au bout de la grosse rainure à l'air d'un trou plus profond. C'est peut-être l'entrée d'une grotte ?

Le cratère Manilius vu par Lunar Orbiter
Extrait de la photographie 4-97H2

Cette photographie est plus ancienne que celle de la sonde Clémentine et l'entrée de la «grotte» est invisible.
On notera la disposition surprenante des éjectas, qui ont tendance à partir en ligne droite tangentiellement au cratère. Selon la théorie météoritique, les éjectas auraient dû se disposer en couronne autour du cratère. On en est loin !
Alors d'après vous, ce relief est-il celui d'un impact de météorite (hypothèse Nasa), d'un cratère volcanique (hypothèse Haroun Tazieff) ou d'une ancienne mine à ciel ouvert (hypothèse d'une activité minière extraterrestre) ?
Pour ma part, je penche pour la troisième solution et sans regret, même si l'on ne distingue pas d'engin !
Pour en finir avec les théories volcaniques et météoritiques, je vous propose une série de photographies montrant des anomalies impossibles à réaliser naturellement. Ou alors l'explication est à trouver !

Travaux dans les cratères

Voici quelques anomalies observées dans ou à proximité des cratères.
Ici, la «nature» semble vouloir en faire un peu trop. Gardez présent à l'esprit que tout ce que vous voyez est censé être le fruit d'une collision avec un météore...

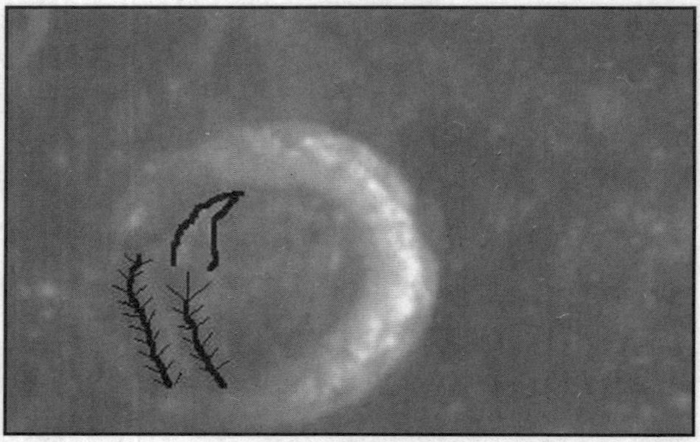

Tranchées artificielles ? (repérage des anomalies)

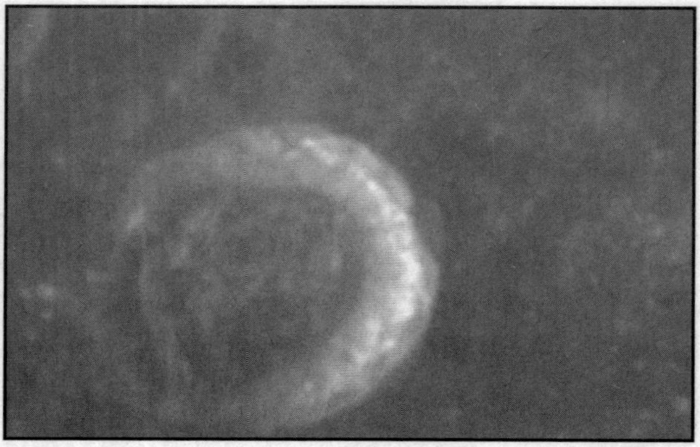

(Photographie Clémentine NASA)

Comme vous pouvez le remarquer, il y a deux tranchées parallèles qui ont été réalisées sur et en contrebas du talus de ce cratère. Le sol lunaire semble avoir été comme «griffé» sur une longue distance (1 pixel=80m). Gardez en mémoire l'empreinte en forme de lame de couteau visible dans le haut du cratère car vous la retrouverez sur une autre photographie de ce livre.
Les théories officielles sont-elles capables d'expliquer de telles marques dans un cratère (cf. :
http://gdcinfo.agg.nrcan.gc.ca/crater/paper/cratering_f.html).
Non bien sûr, car même une météorite arrivant latéralement n'aurait pas laissé une telle trace. La terre du déblai est parfaitement disposée de part et d'autre des tranchées. Désolé pour la théorie météoritique, mais c'est plutôt une action artificielle qui peut expliquer de telles traces dans un cratère.

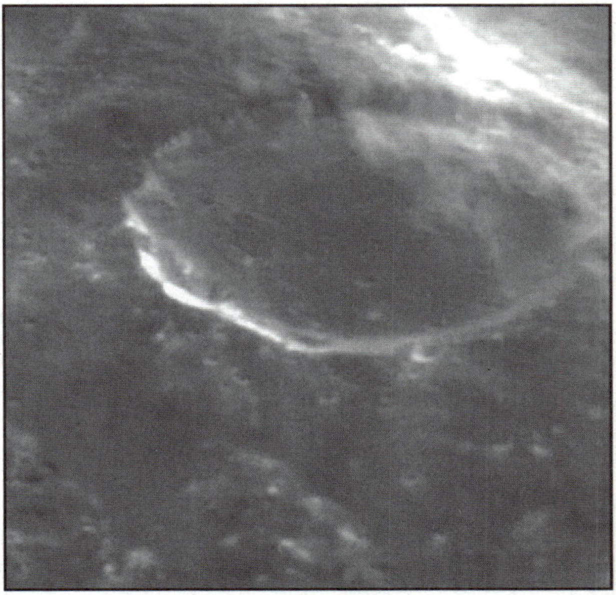

Entailles suspectes ? (photographie Clémentine NASA)

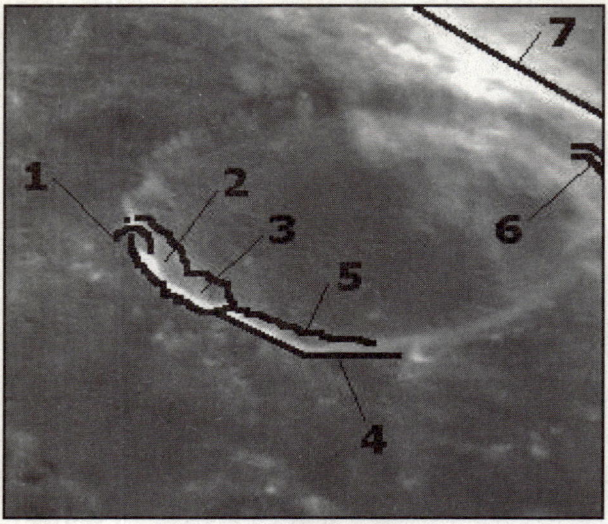

Entailles suspectes ? (repérage des anomalies)

Sur cette photographie, on peut remarquer plusieurs choses étonnantes.

Un vieux cratère bien circulaire, sans trace d'éjecta, et avec un magnifique fond plat si difficile à réaliser lors d'un impact météoritique, car il manque la boursouflure centrale.

A la position 8h00, deux entailles neuves sur le bord du cratère (2 et 3), l'une ressemble à un impact de météorite (3) mais pas l'autre (2) et dans un cas comme dans l'autre, aucune trace de projection de matière sur le sol plus foncé aux alentours.

Au fond de la deuxième entaille (2), vers la position 9h00, il y a un objet courbe (1) formé de quatre boules juxtaposées qui se dresse comme une sorte de conduit d'évacuation de gravats.

Maintenant, regardez le rayonnement circulaire blanc (5) qui part du petit cratère à la position 8h00 et qui rejoint les autres rayonnements ; il longe la paroi du vieux cratère dont on s'aperçoit que certaines faces ont tendance à devenir

octogonales (4). Il y a même comme des renforts sur la paroi (6).
Les autres rayonnements sont tangentiels à l'ancien cratère et l'on remarque une belle trace de glissade (7) tout en haut à droite.
Les rayonnements ne seraient-ils pas de la poussière de minerai fraîchement extrait plutôt que le résultat de projections dues à l'impact d'une météorite ?

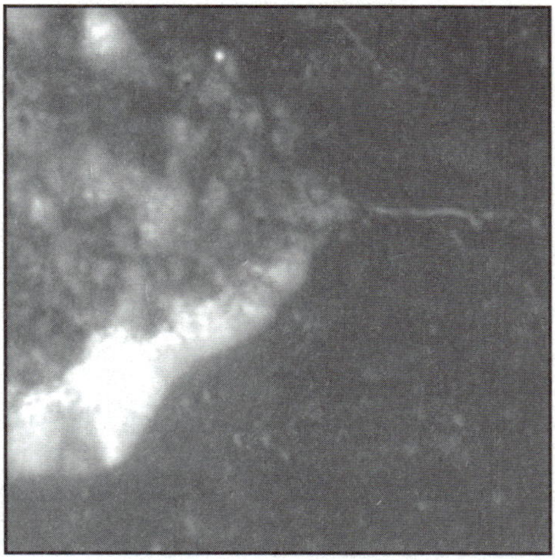

Travaux en cours ? (photographie Clémentine NASA)

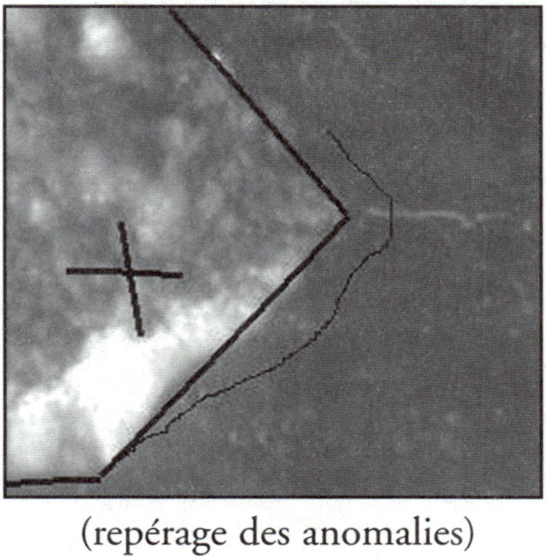

(repérage des anomalies)

Je ne sais pas si ce cratère est en train d'être rebouché ou creusé mais on remarque un gros X à cheval sur le talus du cratère (centre gauche de la photographie).
Cet objet en X semble être composé de plusieurs modules. S'agit-il d'une machine ?
Vous remarquerez la forme très nettement polygonale de ce cratère en formation et la trace de contour au sol qui indique peut-être la limite future du bord du cratère.

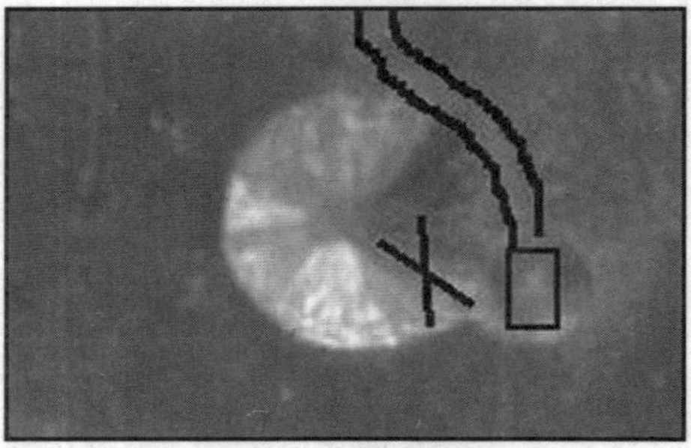

Cratères de Birt (repérage des anomalies)

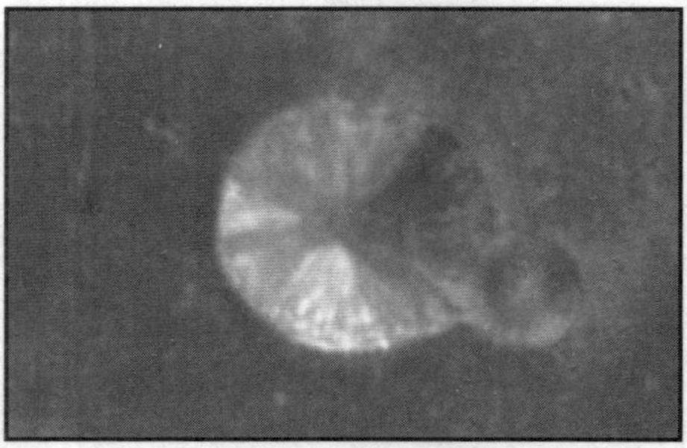

Cratères de BIRT (photographie Clémentine NASA)
Latitude -23.5 Longitude 352

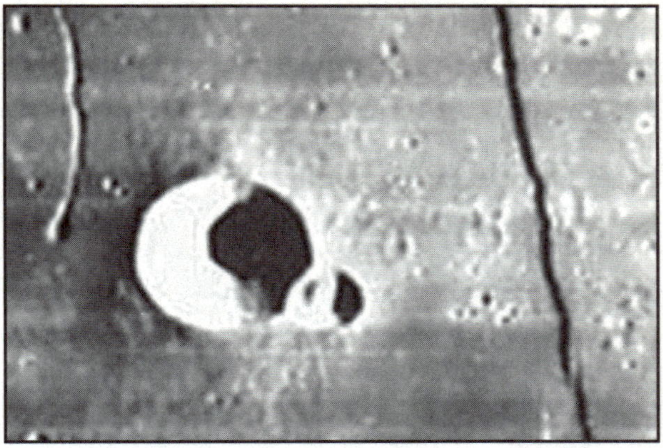

Photographie prise par Lunar Orbiter

L'anomalie ressemble presque à un pont au-dessus du petit cratère.
Voir aussi :
http://www.ybi.com/brink/gravity/domes/index.html

Il y a vraiment quelque chose d'anormal dans le petit cratère Birt, on dirait une sorte de plate-forme.

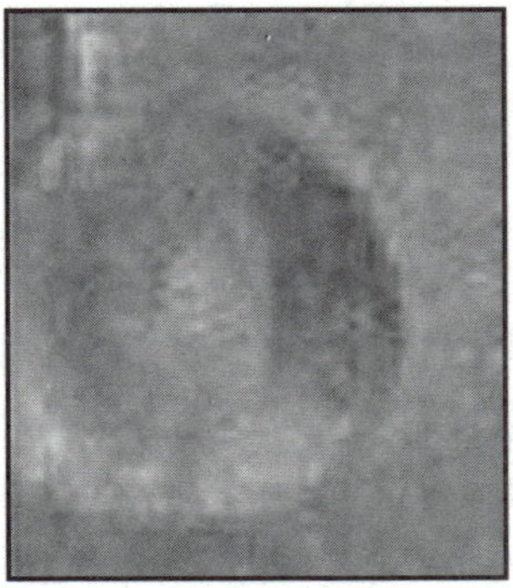

Détail de l'anomalie

Un peu comme si l'on posait un morceau de sucre dans un entonnoir. On remarque aussi comme une trace qui part de la position midi du petit cratère vers la position midi du gros cratère. Dans le gros cratère, on observe comme une sorte de X dont une des banches contredit les lignes d'éjection lors d'un impact. Il y a d'autres photographies différentes des cratères Birt sur le serveur Clémentine, n'oubliez pas d'aller y jeter un coup d'œil.

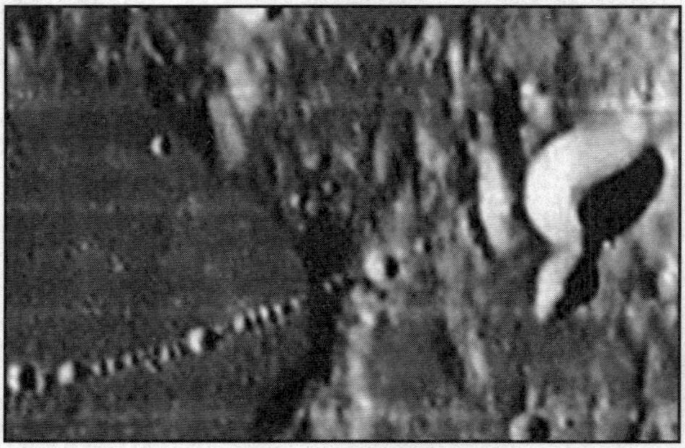

Coutures (Extrait d'une photographie
prise par Lunar Orbiter 5)
Référence 4-108H2

On dirait comme une faille couverte par des ponts ou une cicatrice recousue. Il peut aussi s'agir d'une ligne de cratères même si la probabilité d'une telle formation est faible. Voilà un bel endroit pour l'alunissage d'une future sonde !

Que faire quand les faits observés cadrent mal avec la théorie officielle ?
Proposer une nouvelle théorie au risque de passer pour un fou qui a trop regardé de séries X-Files, est loin d'être évident, mais c'est pourtant la seule solution envisageable pour l'instant. Les scientifiques semblent avoir choisi le silence. Continuons de soulever le problème.

Objets lunaires

Voici quelques objets lunaires non identifiés pris en flagrant délit par la sonde Clémentine.
Comment expliquer la présence de tels objets sur notre satellite ? Etant donné que leur taille est gigantesque, il ne peut s'agir de technologie humaine. Voilà sûrement pourquoi Frank Bormann a prononcé la phrase :

« *On vient de nous confirmer que le père Noël existe bien !* »

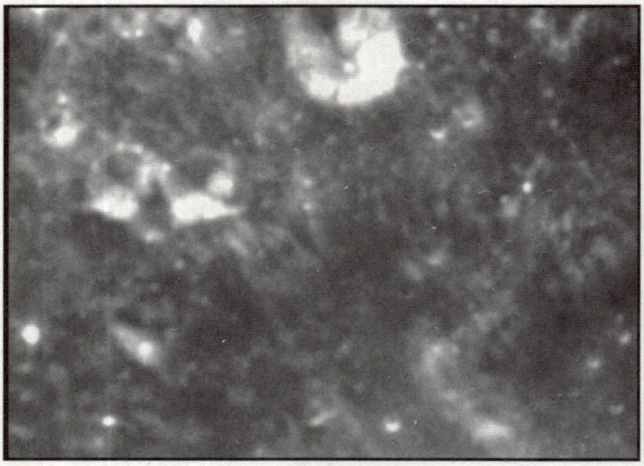

Objet parallélépipédique en action ?
(photographie Clémentine NASA)
Latitude -30 Longitude +300

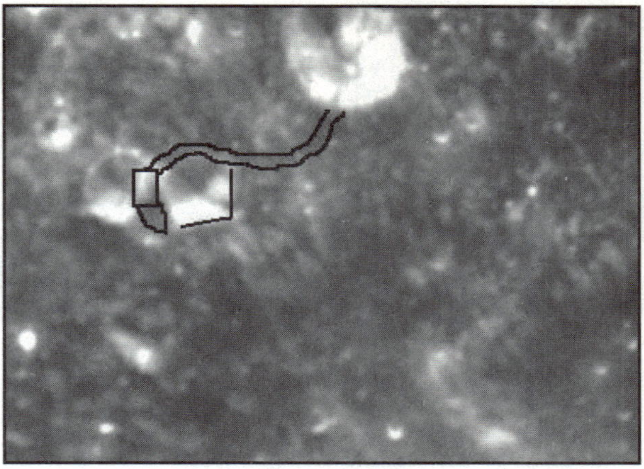

Objet parallélépipédique en action ?
(repérage des anomalies)

Regardez l'objet parallélépipédique situé au centre des trois petits cratères. J'ai indiqué son ombre et la trace de son déplacement sur la photographie servant de repérage des anomalies. Il ne semble pas qu'il ait pu arriver avant les impacts.
Comment un tel objet peut-il tenir en équilibre à cet endroit ?
Est-ce une sorte de benne pour le transport du minerai ou une plate-forme ?
Ne dirait-on pas qu'il s'est déplacé d'un cratère à un autre si l'on en juge par la trace qui relie les cratères ?
Il est aussi possible que cet objet soit à l'origine des deux cratères dont un commence à prendre l'aspect polygonal. Quand il aura fini de ronger la partie centrale, le cratère final ressemblera probablement à celui du milieu haut de la photo.
J'ai retrouvé le même genre d'objet sur une autre photographie de la sonde Clémentine.

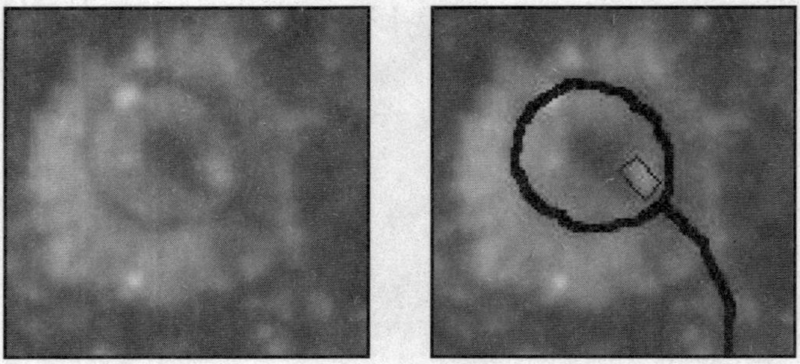

Objet et trace circulaire (Photographie Clémentine NASA)

L'objet parallélépipédique semble être venu d'ailleurs. N'a-t-il pas laissé une belle trace de déplacement et une superbe trace circulaire au fond du cratère ? Voilà de quoi remettre à zéro les théories élaborées pour la formation des cratères ?

Lunar Orbiter aussi a photographié un objet similaire dans un petit cratère.

Extrait de la photographie 4-108H2
prise par Lunar Orbiter (NASA)

L'objet en question ressemble presque à une sorte de gros insecte. Est-il responsable du fait que la partie supérieure de ce cratère tend à devenir polygonale ?

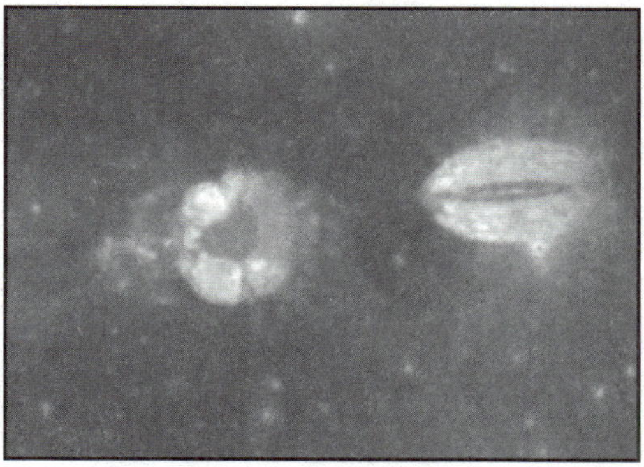

Cratères Messier (photographie Clémentine NASA)

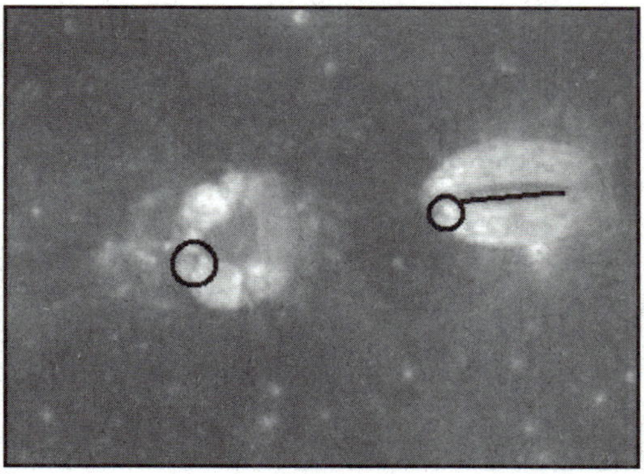

Cratères messier (repérage des anomalies)

Deux cratères célèbres répondant au nom de Messier. Remarquez les «boules» accrochées aux parois des deux cratères position 8h00 ! Comment tiennent-elles, compte tenu de la pente ?
Le cratère ovale est plus qu'étrange ! Où sont les éjectas qui

auraient dû être visibles des côtés où l'explosion a été la plus forte ? Et qu'elle est l'origine de cette belle ligne blanche au fond du cratère ?

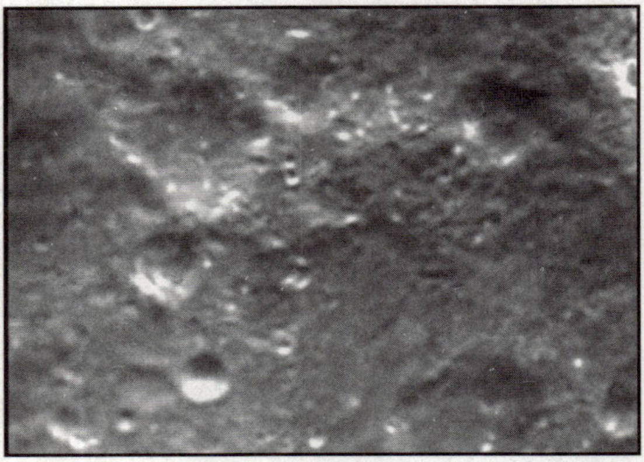

Vestiges ? (photographie Clémentine NASA)

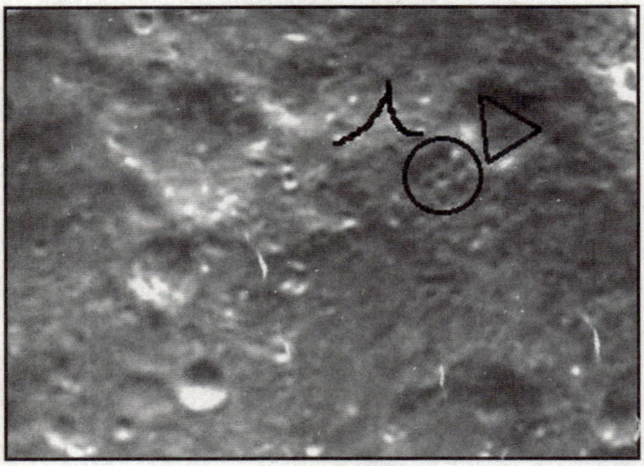

Vestiges ? (repérage des anomalies)

Le cratère Tycho se trouve juste à droite. Regardez au sud-ouest du cratère triangulaire en haut à droite, il y a comme des poutres de 4 km de long qui forment un quadrillage et juste au-dessus des poutres, légèrement sur la droite, une

structure inconnue. On dirait des perles de taille décroissante mises en forme de V inversé. A chaque extrémité du V, il y a comme une perle plus grosse.
Voici le même endroit vu par Lunar Orbiter quelques années auparavant.

Extrait d'une photographie de Lunar Orbiter (NASA)
Voir 4-124H2 et autres photographies de Tycho

Le cratère n'était pas encore triangulaire et certaines «poutres» étaient en porte-à-faux au-dessus du cratère.

Pour en finir avec les objets hétéroclites visibles dans les cratères, voici une belle photo prise par Apollo 16 lors du survol de la face cachée de la lune.

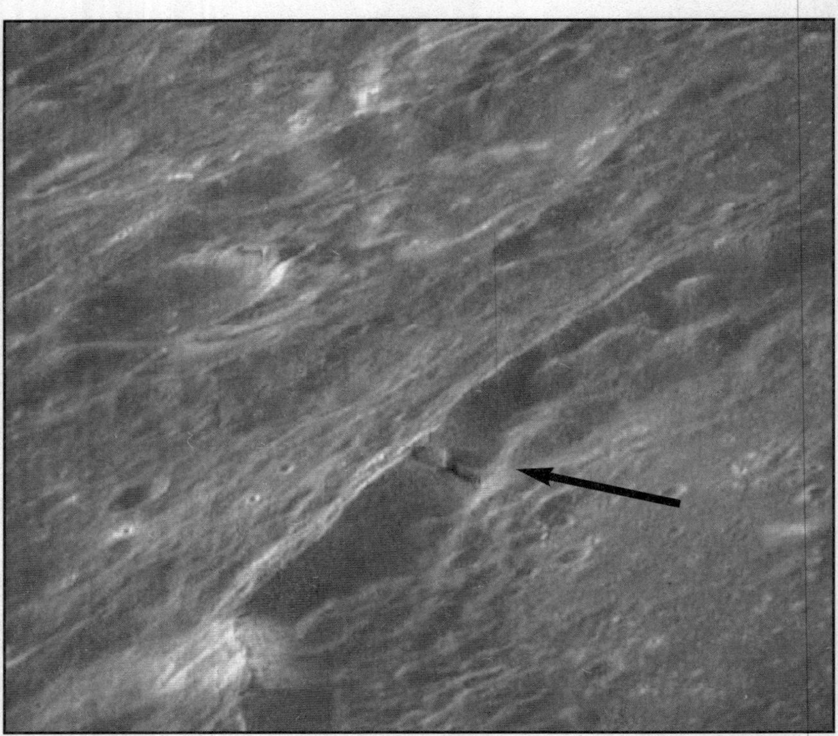

Cratère Lobachevsky
Photographie NASA mission Apollo 16.
Latitude 10,0 N, Longitude 111,6 E

Au centre de la photographie, un objet en forme d'obélisque projette une ombre rectiligne sur la paroi du cratère Lobachevsky. Voilà un endroit plutôt original pour implanter une tour, une cheminée ou une antenne ! Ou alors il s'agit d'une curiosité naturelle particulièrement exceptionnelle...

Traces de déplacements

Quoi de plus naturel pour des objets lunaires non identifiés que de laisser des traces identifiables de leurs déplacements ? En voici quelques-unes parmi les plus belles.

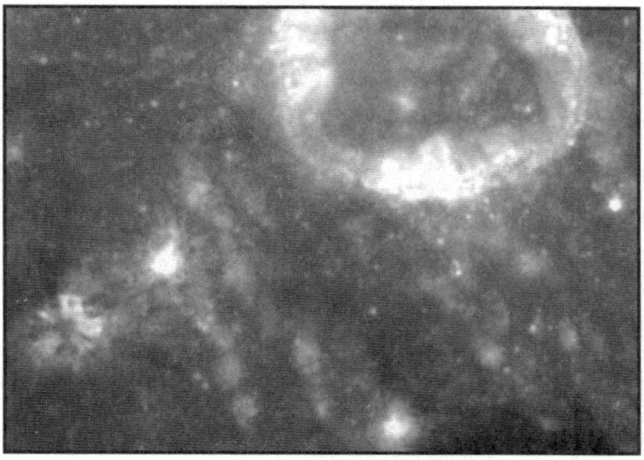

Trace rectiligne (image Clémentine NASA)
Latitude +7 Longitude +1 (Cratère Ukert)

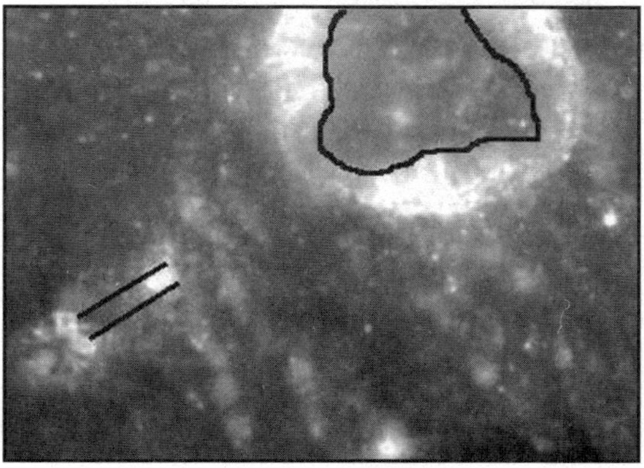

(repérage des anomalies)

Regardez la trace rectiligne partant du petit cratère en bas à gauche et se dirigeant vers le cratère Ukert ! Quelque chose s'est déplacé d'un cratère à l'autre en épousant le relief et a laissé une belle trace de largeur constante sur le sol lunaire. Depuis quand une météorite laisse-t-elle des traces de déplacement sur le sol de la lune ?

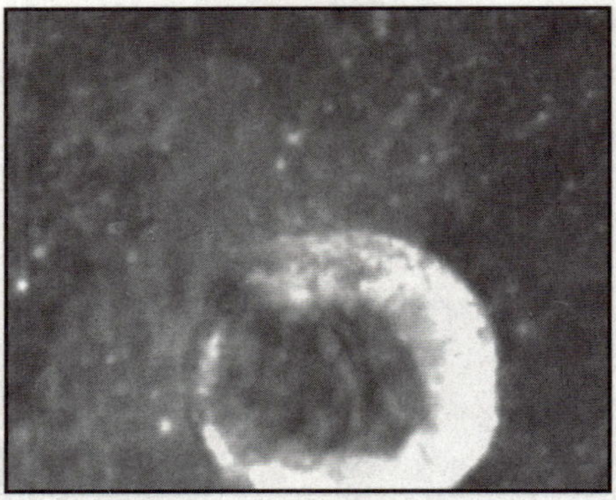

Objet insolite au fond d'un cratère ?
(photographie Clémentine NASA)

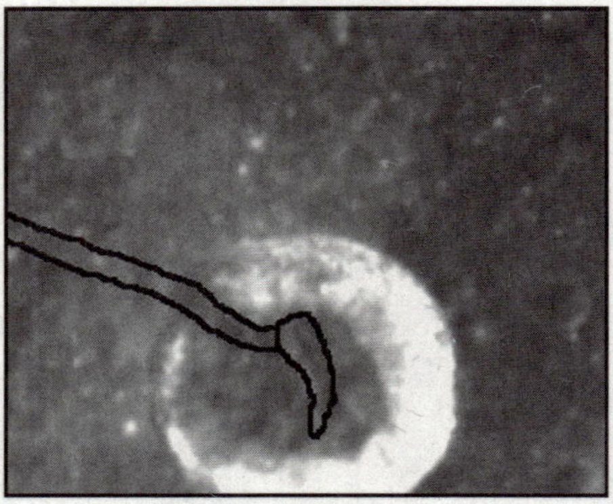

(repérage des anomalies)

Comme vous pouvez le remarquer, il y a un «objet» en forme de lame de couteau au fond de ce cratère. Il y a aussi une trace de glissade, comme si l'objet était venu d'ailleurs. La trace est bien trop régulière pour être de la lave. Rappelez-vous l'empreinte en forme de lame de couteau vue précédemment dans un cratère au-dessus de deux tranchées, elle correspond à ce genre d'objet ! Pire, l'empreinte et l'objet semblent avoir la même taille alors que les cratères ne sont pas les mêmes.

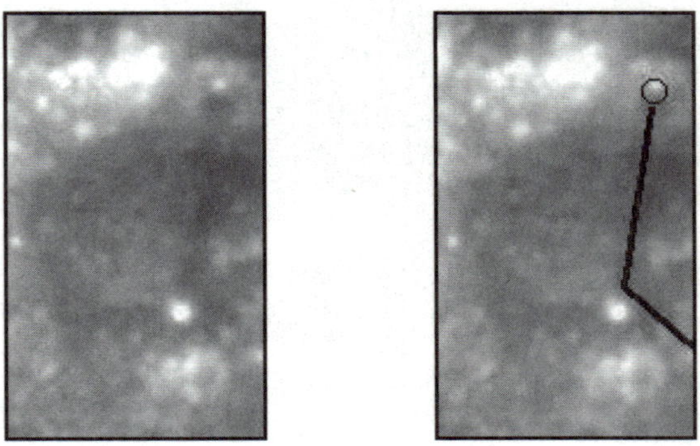

Objet en déplacement ?
(Photographie Clémentine NASA)

Pris en flagrant délit par les caméras de la sonde Clémentine, un «objet» de près d'un kilomètre de large a laissé une trace de déplacement sur le sol de la lune. Suivez bien sa trace, elle tourne à 60° au niveau du point blanc situé vers le bas droit de la photographie. Les sceptiques ne verront qu'un rocher qui a roulé sur le sol de la lune, mais ce genre d'anomalie est assez fréquente. Dans le livre «Ils n'étaient pas seuls sur la lune», il y a une photographie (67-H-1135) prise par la Nasa qui semble correspondre à deux objets roulants au fond du cratère de Vitello. Un des objets a remonté la pente du cratère.

Traces parallèles (Photographie Lunar Orbiter - NASA)
Extrait de la photographie 4-131H3

Si ces traces étaient dues à un écartement de la croûte lunaire :
Pourquoi ont-elles une largeur et une profondeur presque constante sur des centaines de kilomètres ?
Pourquoi épousent-elle le relief lunaire plutôt que le fendre en deux ?
Est-il possible quelles soient dues à un ou plusieurs engins ayant raclé le sol lunaire ?

Bases extraterrestres ?

Certains cratères lunaires sont tellement complexes qu'ils font penser à des vues aériennes de bases militaires.

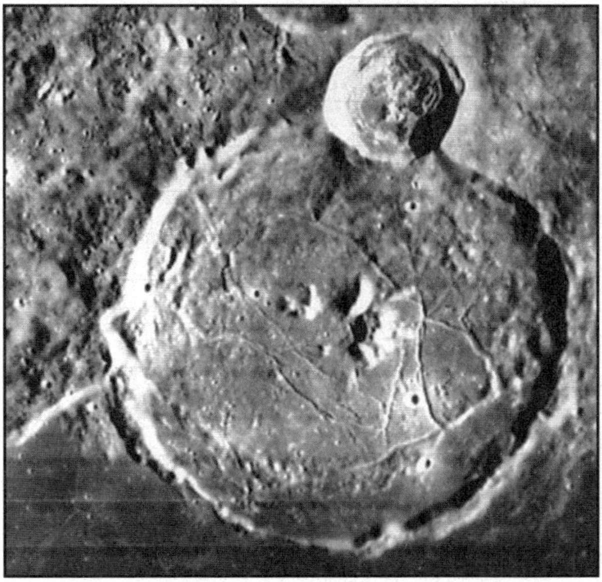

Extrait de la photographie 4-143H2
prise par Lunar Orbiter (NASA)
Cratère Gassendi

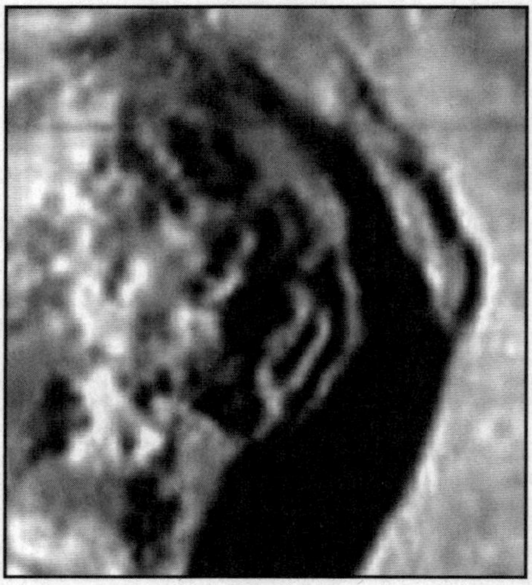

Agrandissement du petit cratère

On peut distinguer des structures géométriques accolées à la paroi la plus polygonale. Sont-elles naturelles ou artificielles ?

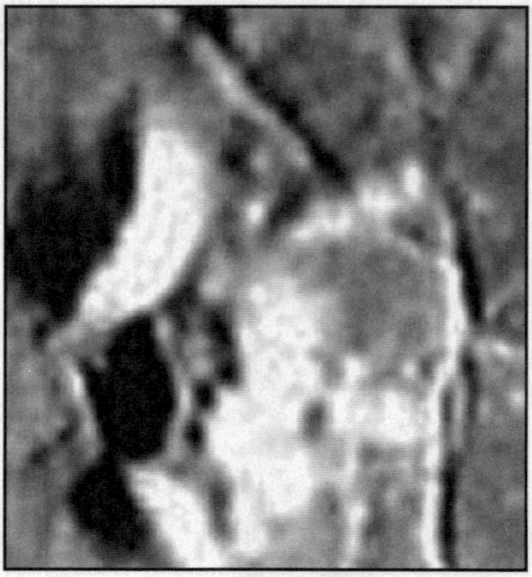

Agrandissement de la partie centrale

La partie noire entre les deux rochers blancs est la plus intéressante. Elle ressemble à une sorte de plaque posée verticalement. La tranche de plaque se détache au-dessus de son ombre.
Voici maintenant le même cratère vu par le satellite Clémentine en 1994.

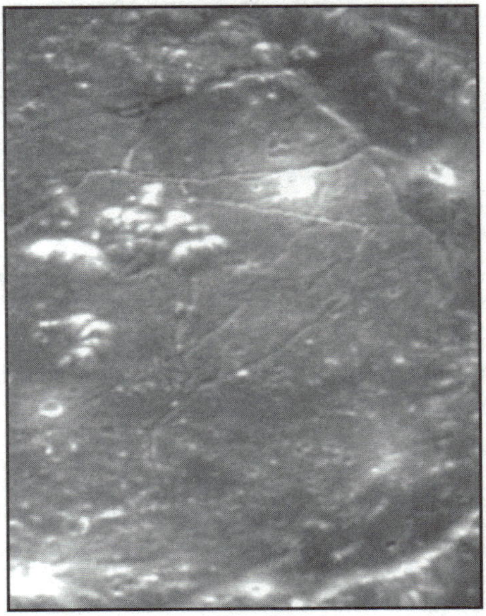

Une base extra-terrestre ?
(photographie Clémentine NASA)
Latitude -18 Longitude 320

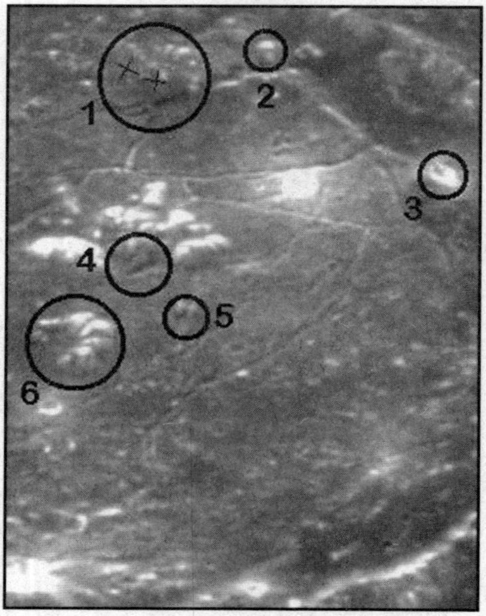

Une base extra-terrestre ? (repérage des anomalies)

1- Deux croix dessinées sur la paroi qui surplombe une fissure. «Objet» dans la fissure - Rochers en forme de dômes alignés.
2- Gros rocher en forme de dôme.
3- «Objet» dépassant du petit cratère blanc.
4- «Objet» triangulaire entre les rochers, juste devant la plaque photographiée par Lunar Orbiter.
5- La trace au sol s'arrête au niveau d'un des blocs, comme si elle avait été créée par lui.
6- Gros rocher en forme de croissant (déjà observé dans le cratère Ukert).

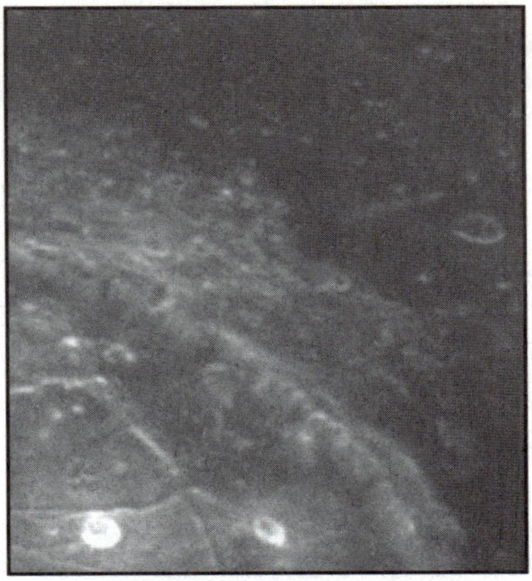

Pistes (photographie Clémentine NASA)

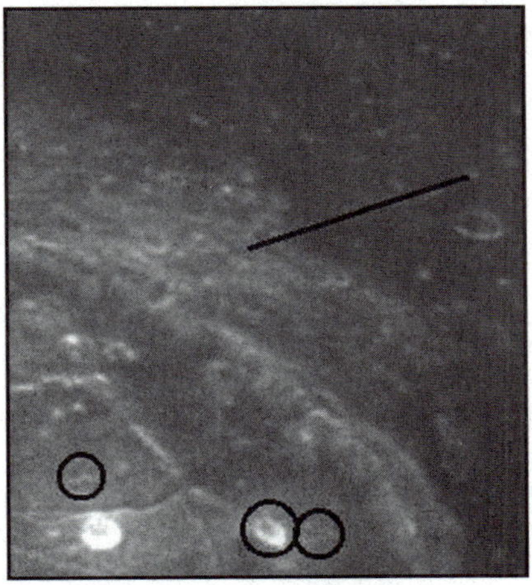

Pistes (repérage des anomalies)

Sur cette autre photographie, on distingue encore «l'objet» dans la tache blanche de droite. Regardez aussi les trous dans la paroi au-dessus de la tache blanche de gauche et encore au-dessus, le gros rocher en forme de dôme.
Il y a un triangle visible à droite de la tache blanche contenant l'objet, ainsi qu'un rayonnement lumineux uni-directionnel partant d'un petit cratère (à l'extérieur du grand).

Voici un autre exemple de ce que l'on peut trouver dans les cratères lunaires.

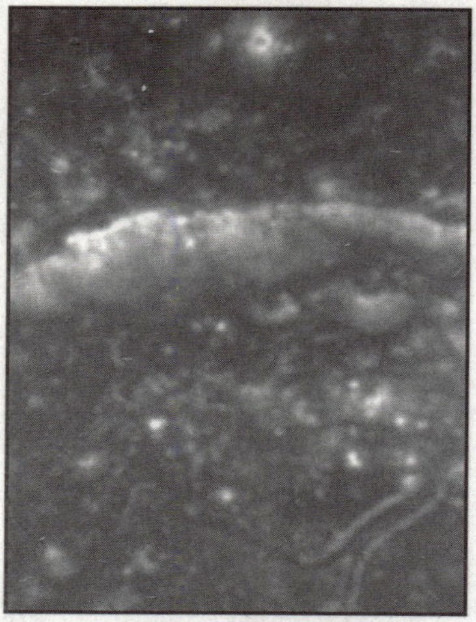

Une ville lunaire ? (photographie Clémentine NASA)

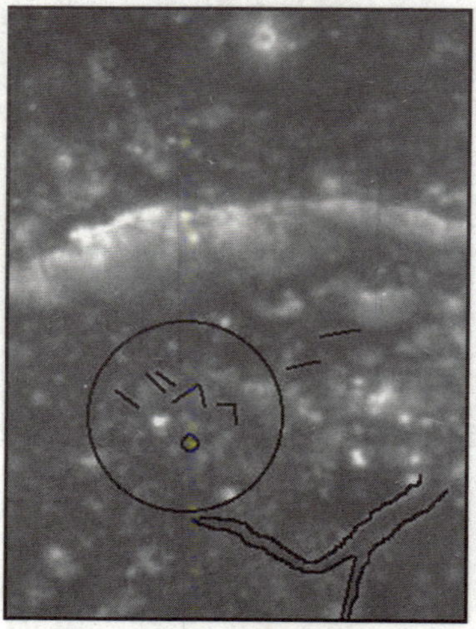

(repérage des anomalies)

Remarquez la forme parfaite du triangle séparant les deux voies !

Cette photographie est parsemée de petites sphères de

tailles identiques et de formes régulières droites ou à angle droit. S'agit-il d'habitations ? D'autres formes ressemblent à des rouleaux posés sur le sol.
En tout cas, cette photographie fait penser à la vue aérienne d'une ville.
Peut-on vraiment conclure à des formes naturelles ? Comment les scientifiques ont-ils pu voir de telles photographies et ne pas se poser de questions ?
A l'heure où la simple orientation de pierres sur Mars permet de déterminer la présence d'eau, que penser de cette voie qui se sépare en deux branches ?

Camille Flammarion voyait des usines sur la lune ; moi aussi !

Rayonnements étranges

Un autre grand mystère de la lune : les rayonnements blancs !

Visibles facilement les jours de pleine lune avec de simples jumelles, certains (comme celui qui va de Tycho à Messier) font plus de 2 000 km de longueur.
L'explication retenue par les scientifiques est qu'il s'agit d'éjectas. Un éjecta est une projection de matière lié à l'impact d'une météorite.
Pour comprendre ce qui se passe, imaginez un obus tombant sur une plage de sable. Lors de l'explosion, une grande partie du sable expulsé retombe tout autour de l'endroit où le cratère se forme.
L'éjecta est dit «en couronne» lorsqu'il est plus ou moins circulaire autour du cratère. En fait, la forme «en couronne» est la forme standard de tout éjecta météoritique.
Nous allons voir que cette explication ne cadre pas avec les faits observés, car sur la lune :
- certains éjectas partent en ligne droite en gardant une largeur presque constante pendant des centaines de km,
- d'autres évitent soigneusement certaines directions.
En voici un bel exemple :

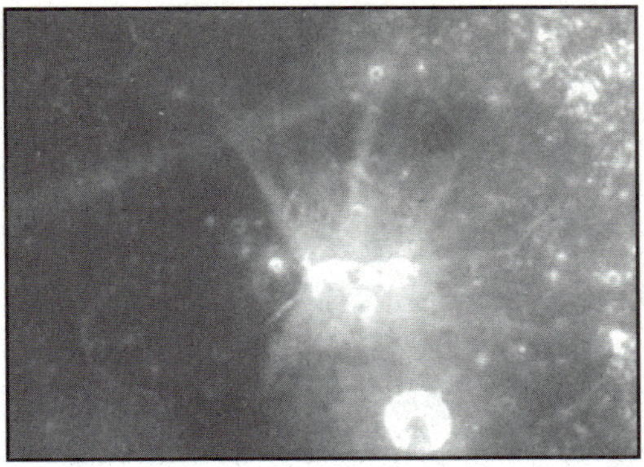

Ejectas étranges (photographie Clémentine NASA)
Latitude +22 Longitude 29

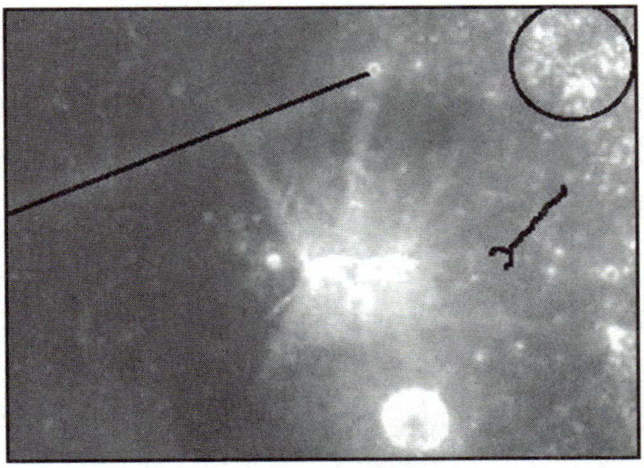

Ejectas étranges (repérage des anomalies)

Regardez bien le rayonnement blanc partant en ligne droite du petit cratère tout en haut de la photographie ! L'explication la plus logique n'est-elle pas celle que donne George Leonard dans son livre «Ils n'étaient pas seuls sur la lune», même s'il apparaît extrême dans ses conclusions ?

«Les objets volants se posent presque toujours à l'intérieur et au fond des grands cratères dont le sol est recouvert d'une fine poussière blanche. Ces véhicules volants circulent constamment entre les cratères pour y

porter ou en ramener des choses ou des êtres. La fine poussière blanche a la particularité de se coller au-dessous de la coque de ces véhicules volants. Au décollage, à l'atterrissage et en plein vol, ces véhicules sont soumis à des vibrations ou à des secousses qui ont pour effet de faire tomber cette pellicule de poussière. Du fait que ces véhicules volants suivent des itinéraires déterminés et en ligne droite, la poussière tombe le long de ces trajectoires déterminées. Quand on a affaire à des cratères où se déroule une intense activité, les objets volants s'envolent et viennent se poser dans toutes et de toutes les directions. Dans le cas de cratères plus spécialisés ou subissant un trafic moins important, les corridors de vol ne sont orientés que dans une ou deux directions.»

On est bien loin de la forme «en couronne» prônée par la théorie météoritique ! Cela dit, on ne voit pas non plus d'engins volants !

D'après l'Encyclopédie Universalis, le vent solaire a la propriété de ternir «rapidement» les éjectas. Cette trace est donc constituée de poussières «relativement» récentes !

On distingue aussi une sorte de pipeline en Y sur la droite de la tache lumineuse au centre de la photographie et un autre à sa gauche dans la partie mystérieusement évitée par les rayonnements.

Maintenant, regardez attentivement la structure tout en haut à droite. Il y a plusieurs séries de dômes mis en lignes. Comment expliquer de telles anomalies, sans penser à des survols d'engins dépassant de loin nos technologies ?

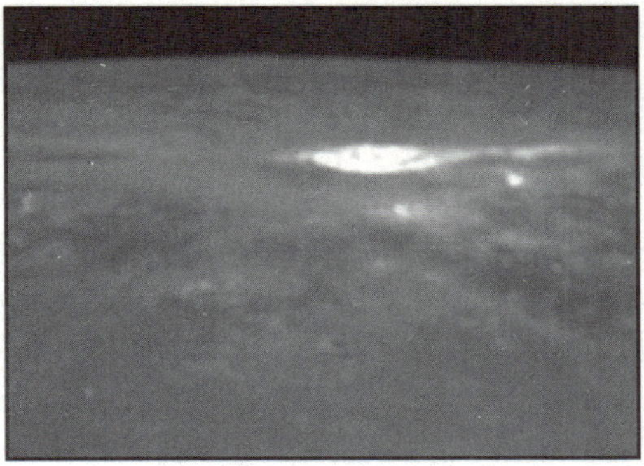

Rayonnements anciens et nouveaux
(photographie Clémentine NASA)

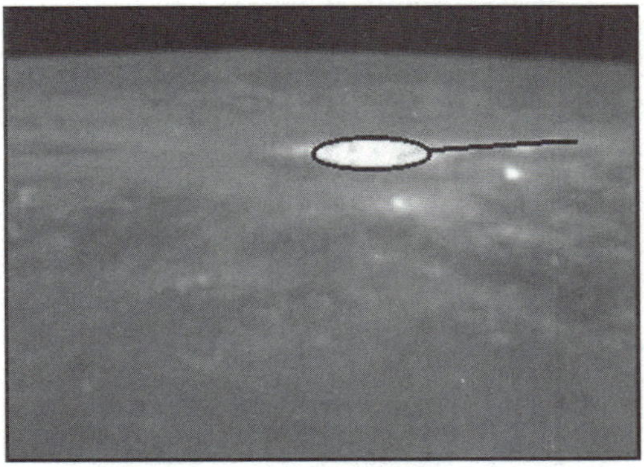

(repérage des anomalies)

Comme je vous le précisais pour la photographie précédente, le vent solaire a la propriété de ternir «rapidement» les éjectas. L'Encyclopédie Universalis ne précise pas en combien de temps mais la question est primordiale à mon sens, car elle permettrait de dater les anomalies constatées sur la lune. Sur cette photographie, on voit un cratère très blanc avec une ancienne couronne d'éjectas grisâtres et une traînée blanche qui sort en ligne droite du cratère.

Si l'action du vent solaire sur la lune a tendance à griser rapidement les dépôts de poussière blanche, alors nous avons la preuve irréfutable qu'il existe des allées et venues d'engins spatiaux sur notre satellite. Comment expliquer la différence de teinte entre les anciens éjectas gris et le cratère ?
Seule une exploitation minière récente ayant mis la roche à nu peut lui redonner cet éclat ! La traînée blanche n'est faite que de poussière récente semée lors de l'embarquement du minerai. C'est pour cela qu'elle ne part que dans une seule direction.
Ainsi que le montre cette photographie prise dans un autre cratère :

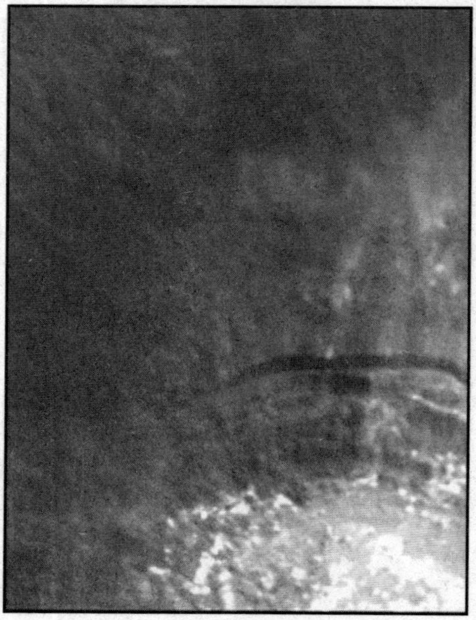

Ejecta unidirectionnel = travaux dans les cratères

S'il s'agit d'un éjecta, comment expliquer la présence de poussière blanche alors que les parois du cratère sont grises ? Un éjecta ayant le même âge que le cratère devrait avoir la même couleur !
Comment expliquer que cette poussière ne se dépose que dans une seule direction, vers le haut ?
Admettez que la théorie des vaisseaux spatiaux semant de la poussière sur leur passage paraît séduisante !
Qu'en pensez-vous ? J'aimerais bien que les scientifiques fassent un essai de vieillissement accéléré sur de la poudre de pierre de lune. Il suffirait de la mettre sous vide et de l'exposer à un rayonnement simulant le vent solaire.
En admettant qu'il faille moins de 1000 ans pour passer du blanc au gris, nous pourrions avoir la preuve que l'exploitation est «récente».

Objets roulants non identifiés

Et pour terminer cette étude, voici un exemple de « désinformation par omission » réalisé par la Nasa. Consultez la page officielle sur Internet (photo sonde Lunar Orbiter 5) : http://nssdc.gsfc.nasa.gov/imgcat/html/object_page/lo5_h168_2.html

The Moon - Lunar Orbiter 5

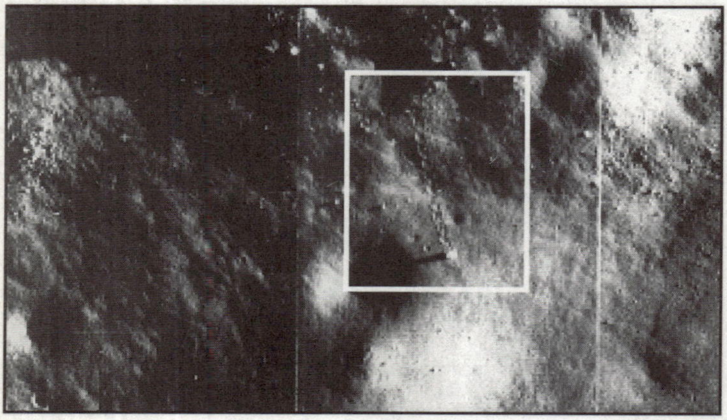

Downslope boulder trail and boulder on the Moon

Traduction libre

Image de Lunar Orbiter 5 montrant un rocher (juste à droite du centre de la photo) qui a roulé et glissé en bas d'une pente en laissant une traînée sur la surface lunaire. Cela se situe dans le cratère Vitello et démontre le petit rôle que des processus comme la faible gravité ont sur la surface lunaire. La source principale de modification de la surface lunaire reste le bombardement des météorites et micrométéorites. Cette photographie couvre 16 km dans le sens de la hauteur et le nord se situe en haut (Lunar Orbiter 5, image 168-H2).

Analyse Critique

Si l'on en juge par le commentaire de la Nasa, c'est : « Circulez, il n'y a rien à voir ! », du moins rien d'autre qu'un

rocher qui a dévalé une pente en laissant une trace dans la poussière lunaire.
Or il y a plusieurs anomalies montrant qu'il ne peut s'agir d'un rocher. Pourquoi la Nasa n'en parle pas dans son commentaire ? Est-ce un oubli volontaire ?
Pour commencer, ne pas se contenter de la photo basse résolution : des détails importants n'y apparaissent pas. Téléchargez la même photographie en haute résolution et stockez-la sur votre disque dur, un logiciel comme Paint Shop Pro vous permettra de « zoomer » sur les parties intéressantes.
Que voit-on exactement ? Voici l'image montrant les anomalies passées sous silence par la Nasa.

On ne voit pas un, mais deux objets (1 et 2) ayant laissé des traces de déplacement sur le sol lunaire. Compte tenu de l'échelle de la photo citée plus haut par la Nasa, on peut en déduire que l'objet 1 a parcouru presque 7 km contre 9 km pour l'objet 2. Il mesure dans les 250 mètres de diamètre ou de largeur tandis que l'objet 2 avoisine les 50 mètres.
Les traces laissées sur le sol correspondent au diamètre ou largeur des objets, ce qui semble impossible s'il s'agit de

sphères. Faites l'expérience vous-même : prenez une bille et trempez-la dans de l'encre, lâchez-la ensuite sur une surface inclinée. La surface de contact d'une sphère est toujours inférieure à son diamètre, sauf si la sphère s'enfonce dans le sol de la valeur de son rayon. Avez-vous déjà vu un rocher sphérique de 250 mètres de diamètre qui avance sur 7 km tout en pénétrant de 125 m dans le sol ?

Sur cette photo, les traces sont de largeur constante et semblent nettement moins profondes que le rayon des objets. On peut en déduire que ces deux objets ne sont pas sphériques. Cette impression est renforcée par le fait que seule une face des objets est dans l'ombre avec un éclairage latéral. Ils ressemblent donc plutôt à des objets coniques.

Voici donc deux objets non identifiés qui ont parcouru une grande distance sur la Lune !

L'objet 2 est sorti du petit cratère dans le haut de la photo (on voit nettement sa trace à l'intérieur du rectangle) : il a donc remonté le talus interne et abrupte du petit cratère avant de continuer à l'extérieur sur près de 8 km... ce qui est un comportement étrange pour un rocher...

J'aimerais que les astronomes qui se sont moqué quand je leur disais que certains cratères lunaires étaient probablement d'origine artificielle, m'expliquent comment un rocher de 50 m de diamètre peut remonter la pente interne d'un cratère ?

La trace de l'objet 1 est recouverte par un objet qui ressemble à une sorte de « tuyau » reliant deux cratères (voir partie encadrée). Celui-ci n'a pu être « mis en place » qu'après le passage de l'objet 1, car il recouvre sa trace. Si ce n'était pas le cas, l'objet aurait été arrêté par cette barrière naturelle ou l'aurait écrasée. Il aurait pu aussi y avoir un effet de tremplin avec interruption momentanée de la trace.

Le diamètre du « tuyau » avoisine 100 mètres pour une longueur de presque 3 km.

Je me pose aussi les questions suivantes :
- Pourquoi les autres « rochers » visibles sur cette photo ne se sont pas mis en mouvement ? Un tremblement de Lune ou un impact aurait dû en faire rouler plus d'un...
- Pourquoi le gros « rocher » ne s'est-il pas brisé en plusieurs morceaux lors de son déplacement ?
- Pourquoi les traces des deux objets ne suivent-elles pas les pentes naturelles du terrain ? En fait, ils avancent presque comme le ferait un skieur : perpendiculairement à la pente du terrain.
- Pourquoi sont-elles presque parallèles alors que 6 km environ les séparent ?
Il est impossible que les spécialistes de la Nasa n'aient pas remarqué ces anomalies. Alors que croire quand on nous explique officiellement qu'il s'agit d'un rocher ? Et que font les scientifiques astronomes amateurs ou professionnels ? Pourquoi ont-ils accepté cette version sans réagir ?
Information de dernière minute transmise par Arnaud Delaunay : certains sites de la Nasa contredisent l'échelle de 16 km donnée pour la photo des objets, notamment http://www.hq.nasa.gov/office/pao/History/TM-3487/ch12-1.htm paragraphe 350.
On peut lire : *[350] [PICTURE MISSING] Lunar Orbiter V photographed an area in the Vitello crater (south of Mare Humorum at 30.61° S latitude, 37.57° W longitude) on August 17, 1967. The enlarged portion of that high-resolution telephoto picture reveals two large «rolling stones,» whose paths are clearly visible. The larger one near the center of the picture is about 23 meters across and has rolled or bounced some 274 meters. The smaller rock is 4.6 meters across and has traveled 365 meters. (...)*
Les objets en question ne font plus que 23 et 4,6 mètres sur ce site. S'agit-il de désinformation destinée à faire perdre

tout intérêt à l'étude de ces objets ou d'une erreur d'échelle dans le premier site ?

Une enquête plus approfondie a été menée pour déterminer la taille réelle des objets. S'ils s'avèrent de grande taille, c'est une preuve formelle qu'ils sont artificiels. A ce sujet, voici la réponse de Dave Williams (Nasa), auteur de la page http://nssdc.gsfc.nasa.gov/imgcat/html/object_page/lo5_h168_2.html

« It looks like 16 km is correct, although I admit that makes for a mighty large (~250 meter) boulder. »

Traduction : « il semblerait que 16 km soit correct, bien qu'il me faut admettre que le rocher dans ce cas serait formidablement grand (environ 250 m) ».

Et puis, trois jours plus tard après lui avoir demandé de vérifier :

« It looks like the lower caption is correct, 5 and 25 meters is right. The image is a detail of the original image, which I assumed was the full image. I actually haven't been able to find the part of the full image the detail comes from, but I believe the caption must be referring to the same boulder tracks. »

Traduction : « il semble que la légende du bas soit correcte, il s'agit bien de 5 et 25 mètres. La photo est un détail de la photo d'origine, et j'ai cru qu'il s'agissait de la photo entière. En fait, je n'ai pas pu trouver de quelle partie de la photo entière ce détail provient, mais je crois que la légende doit faire référence aux traces du même rocher ».

Il est étonnant de constater que l'auteur de la page commence à se poser des questions sur le rocher. Comment peut-il n'avoir rien remarqué d'anormal lors de la création de sa page ? Comment les spécialistes de la Nasa peuvent-ils commettre de pareilles erreurs ? Pourquoi Dave Williams ne rectifie-t-il pas sa première page ?

Voir une enquête du même genre réalisée par un autre chercheur :

http://www.multimania.com/boisse/artefact/index.html

Résumé des anomalies constatées

- Forme polygonale (triangle - hexagone - octogone) de certains cratères.
- Traces de largeur constante passant d'un cratère à un autre.
- «Objets» inconnus dans ou à proximité des cratères (parallélépipèdes ou X).
- Cratères en formation
- Ejectas unidirectionnels et de largeurs constantes.
- Ejectas tangentiels.
- Ejectas partant de l'intérieur du cratère.
- Dômes accrochés aux parois ou lignes de dômes.
- Cratères très blancs avec couronne d'éjectas grisâtres.
- Rainures, traces parallèles sur le sol.
- Rochers en forme de croissant.
- Coutures ou ponts sur une faille

Cela fait une bonne dose d'anomalies inexplicables par les théories officielles («impactiste» et «volcaniste»).
Si l'on rajoute les T.L.P. exposés au chapitre 2, les conclusions du rapport Cometa et les conversations des astronautes, on obtient un tout cohérent qui tend dans le sens d'une présence extraterrestre sur la lune.
Je vous avais prévenu !
Vous ne regarderez plus jamais la lune avec les mêmes yeux.

Les différentes conclusions possibles

Là aussi, il est possible d'imaginer plusieurs conclusions.

Hypothèse N° 1 : l'imagination

Toutes les anomalies visibles dans les cratères lunaires sont d'origine naturelle (volcanique ou météoritique). Même si les formes polygonales de certains cratères peuvent prêter à confusion, il sera démontré un jour que leur origine est naturelle. Idem pour les éjectas unidirectionnels et de largeur constante.
L'imagination permet de voir des animaux dans les nuages, alors pourquoi pas des constructions dans les cratères lunaires ?
Il faut revenir à la réalité et se rappeler le conseil judicieux fourni sur le site :
http://astroclub.net/jupiter/sirius/ptl1.html
consacré aux phénomènes transitoires lunaires :

«En aucun cas vous ne devez laisser votre imagination dépasser le pouvoir séparateur de votre instrument. Si Camille Flammarion voyait sur la Lune des usines, R. Baker de la végétation, et d'autres des ponts, des tunnels, des autoroutes, et même une Muraille de Chine, évitez de commettre de semblables visions ! N'oubliez pas que l'observation d'un important phénomène astronomique demande du sérieux et de l'objectivité. La rigueur scientifique nécessaire à l'étude de ces surprenants phénomènes ne se satisfait pas de la fantaisie idéologique, qui consiste à dénicher à tout prix, et de partout, des petits hommes verts ou, si vous préférez, à prendre des vessies pour des lanternes.»

La lune n'est qu'un désert stérile, n'en déplaise à tous les rêveurs. Les extraterrestres, s'il existent sont trop loin de nous pour venir nous rendre visite.
Cette hypothèse n'a donc pas lieu d'être prise en compte par la science pour expliquer certaines anomalies.

Hypothèse N° 2 : les extraterrestres

La conquête de la lune était avant tout une entreprise militaire, afin de vérifier si les ovni représentaient une menace pour notre terre. La coopération dans l'espace entre les Russes et les Américains vient de cette découverte.
Il est très probable que les cratères lunaires ont fait l'objet d'une gigantesque exploitation minière qui a eu lieu dans les temps reculés et qui continue encore aujourd'hui.
Les débris des météorites ou la composition des roches lunaires intéressent probablement les extraterrestres à moins qu'ils ne soient en train de réparer la coque de leur gigantesque vaisseau spatial mis en orbite autour de la terre.
Certains cratères sont sûrement d'origine artificielle mais la plupart sont des cratères naturels qui ont été modifiés.
Les rayonnements blancs unidirectionnels qui existent à côté de nombreux cratères ne sont pas liés aux éjectas qui suivent les impacts, mais au survol d'engins qui sèment de la poussière fraîche sur leur passage.
Ces engins en larguant involontairement de la poussière fraîche, donc plus blanche, pendant leurs allées et venues finissent par créer des figures ressemblant à une projection de matière.
Les cratères qui n'ont pas de rayonnement sont abandonnés depuis suffisamment longtemps pour que la poussière blanche soit ternie à cause du rayonnement solaire et disparaisse.

Hypothèse N° 3 : les humains

Idem que l'hypothèse numéro deux, sauf que les extraterrestres sont en réalité des humains issus d'une ancienne race (Atlantide, Mû...) ayant atteint un niveau technologique très élevé.

Ils ont construit ou aménagé la lune en prenant les matériaux sur terre. C'est une sorte d'immense station orbitale.

Les ovni leur servent à venir sur terre pour se ravitailler en matière première et nourriture.

Derniers commentaires

Il semblerait que la société (http://www.moonshop.com) qui vend des parcelles de lune sur Internet, commercialise quelque chose qui ne lui appartient pas !

On ne peut en vouloir à un «Camille Flammarion» en herbe de voir des cratères artificiels sur la lune, même si la science prouve un jour définitivement qu'il s'agit d'anomalies naturelles.

Par contre on peut en vouloir à un «rationaliste extrémiste» de n'y avoir vu que des cratères naturels si l'on prouve un jour que certains étaient artificiels.

L'imagination doit être le moteur de la science. Exclure volontairement des hypothèses en partant du fait que l'homme est la seule forme de vie intelligente de l'univers, ce n'est plus de la science, c'est de la religion !

Liens internet sur le même sujet

En anglais

- VGL Home Page

http://www.vgl.org

- The Martian Enigmas Home Page

http://www.psrw.com/~markc/marshome.html

- Malta UFO research

http://www.mufor.org

- Anomalous images and UFO files

http://www.anomalous-images.com/

- Images de la lune en haute résolution

Digital lunar orbiter photographic atlas of the moon

http://www.lpi.usra.edu/research/lunar_orbiter/

Je vous conseille de voir les deux photos du cratère Bullialdus. On y distingue clairement des cratères triangulaires, ainsi que des «objets» dans des cratères.

En français

- Le serveur de la mission Clémentine

http://clementine.cnes.fr

- Qui est déjà sur la lune ?

http://www.geocities.com/CapeCanaveral/Launchpad/4629/index.htm

L'Indépendant

CET OUVRAGE A ÉTÉ ACHEVÉ
D'IMPRIMER EN AOÛT 2001 SUR LES PRESSES DE L'IMPRIMERIE
DE L'INDÉPENDANT - 53200 CHÂTEAU-GONTIER - FRANCE
N° D'IMPRIMEUR : 010820
DÉPÔT LÉGAL : 3e TRIMESTRE 2001